Visio 绘图案例教程

主编 张 平 孟宪华

北京理工大学出版社
BEIJING INSTITUTE OF TECHNOLOGY PRESS

内 容 提 要

Visio 是 Microsoft 公司推出的一款流程图软件工具和画图软件，供 IT 和商务专业人员就复杂信息、系统和流程进行可视化处理、分析和交流。Visio 软件操作简单、功能强大，可以制作的图表范围十分广泛，被广泛应用于软件设计、教育、项目策划、室内设计及日常工作、生活等众多领域。

本书按照 Visio 软件的模板类别设计了 9 个项目内容，项目一为 Visio 2010 简介，其他 8 个项目分别以 Visio 的模板为单位，设计制作出相关案例，以便读者学习软件的使用。8 个模板的内容分别为常规图形、地图和平面布置图、工程图、流程图、日程安排、软件和数据库、商务图、网络图，每个项目都设计了对应的案例，以便读者更好地学习模板的使用；每个项目还设计了项目小结和项目习题，方便读者理解软件的使用，更好地利用本软件绘制出更多、更好的图示作品。

本书结构清晰，语言简单，案例丰富，可以作为设计行业人员及文案人员、策划人员的参考用书，也可以作为高等职业院校、中等职业院校及各类计算机教育培训机构的教材，还可以作为广大计算机爱好者自学用书。

版权专有　侵权必究

图书在版编目（CIP）数据

Visio 绘图案例教程 / 张平, 孟宪华主编． ——北京：北京理工大学出版社, 2024.10（2024.11 重印）

ISBN 978-7-5763-2967-4

Ⅰ.①V… Ⅱ.①张…②孟… Ⅲ.①图形软件-案例-教材 Ⅳ.①TP391.412

中国国家版本馆 CIP 数据核字（2023）第 193002 号

责任编辑：王玲玲		**文案编辑**：王玲玲	
责任校对：刘亚男		**责任印制**：施胜娟	

出版发行 ／ 北京理工大学出版社有限责任公司
社　　址 ／ 北京市丰台区四合庄路 6 号
邮　　编 ／ 100070
电　　话 ／（010）68914026（教材售后服务热线）
　　　　　　（010）63726648（课件资源服务热线）
网　　址 ／ http://www.bitpress.com.cn
版 印 次 ／ 2024 年 11 月第 1 版第 2 次印刷
印　　刷 ／ 河北盛世彩捷印刷有限公司
开　　本 ／ 787 mm × 1092 mm　1/16
印　　张 ／ 18.75
字　　数 ／ 437 千字
定　　价 ／ 59.80 元

图书出现印装质量问题，请拨打售后服务热线，负责调换

前言

Visio 是 Microsoft Office 软件的一个部分,是一款实用性非常强大的绘图设计软件,它具有庞大的图形库和预设的模板,用于绘制流程图、日程图、网络图等多种类型的图形效果,它为用户提供了一个直观的工作平台,方便读者通过所见即所得的方式展示复杂的信息内容,被广泛用于办公自动化、软件设计、室内设计、企业管理、建筑设计、机械、电子通信等诸多领域。

本书较系统、全面地介绍了 Visio 的基本应用,尽可能多地列举模板对应的案例,使读者在学习案例的过程中,充分掌握软件的使用方法和操作技巧。本书共设计 9 个项目学习内容,每个项目包括项目内容、项目小结、项目习题,将知识技能点分模块进行展示,使读者能够更好地学习软件的使用。综合上述情况,本书特色如下:

1. 定位准确　服务专业

本书从计算机实际技能应用需要出发,将提高高职学生的知识能力水平与学习素养相结合,在内容的设计上,充分满足高等职业教育各专业学生应具有的计算机技能需求,各教学项目紧密结合各专业内容,对各专业的教学均有积极促进作用。

2. 素养教育　润物无声

本书将思想政治教育的理论知识、价值观念及精神追求融入各个项目中,潜移默化地对学生的思想意识、行为举止产生影响。

3. 案例丰富　面向应用

本书结构体系完整,每个项目均以 Visio 软件的 8 大模板为主导,以下一级子模板设计对应的案例,以体现知识点和操作技巧。所有案例简单、实用,读者可以边学边练,轻松掌握相关技能。每个项目结束后,还有项目习题,方便读者进行进一步学习实践。

4. 视频演示　资源完备

本书的项目案例均生成二维码视频,重点讲解在实际绘图中的操作方法和操作技巧,读者可以结合本书内容独立观看视频,提高学习效率。

5. 学用结合　应用性强

本书课后设计了三类项目习题,即选择题、填空题、操作题,按照 Visio 学习内容进行了编排,读者可以根据项目习题进一步掌握知识内容,强化利用软件解决绘图中的实际问题,巩固所学知识并加强综合应用能力。

本书由辽宁建筑职业学院张平、孟宪华担任主编，具体编写分工为张平负责编写项目一、项目二、项目四、项目六、项目七、项目八，孟宪华负责项目三、项目五、项目九。

由于编者水平有限，编写时间仓促，书中难免存在不足之处，敬请广大读者批评指正。

目 录

项目一　Visio 2010 简介 ·· 1

 单元一　基础操作 ·· 1
  案例　绘制小汽车 ·· 2
 单元二　管理文档 ·· 4
  案例　绘制煎锅鸡蛋 ·· 4
 项目小结 ·· 7
 项目习题 ·· 7

项目二　常规图形 ·· 9

 单元一　基本框图 ·· 9
  案例　绘制小房子 ·· 9
 单元二　具有透视效果的框图 ······································ 17
  案例1　绘制透视图 ··· 17
  案例2　绘制电视台LOGO ······································ 19
 单元三　框图 ··· 22
  案例　绘制计算机硬件系统框图 ······························· 22
 项目小结 ·· 25
 项目习题 ·· 25

项目三　地图和平面布置图 ··· 27

 单元一　办公室布局 ·· 27
  案例　绘制办公室布局图 ·· 27
 单元二　家居规划 ··· 40
  案例　绘制家居规划图 ··· 40
 单元三　空间规划 ··· 59
  案例　绘制公司平面图 ··· 59
 单元四　平面布置图 ·· 79
  案例　绘制超市平面布置图 ····································· 79

单元五　三维方向图 ·· 98
　　案例　绘制小区规划建筑图 ································· 98
单元六　天花板反向图 ·· 111
　　案例　绘制天花板反向图 ····································· 111
单元七　现场平面图 ·· 123
　　案例　绘制施工总平面图 ····································· 123
项目小结 ··· 134
项目习题 ··· 134

项目四　工程图 ·· 136

单元一　管道和仪表设备图 ······································ 136
　　案例　绘制精馏塔流程图 ····································· 136
单元二　基本电气 ·· 138
　　案例　绘制电路图 ··· 138
项目小结 ··· 140
项目习题 ··· 140

项目五　流程图 ·· 143

单元一　BPMN 图 ··· 143
　　案例　绘制 BPMN 图 ·· 143
单元二　SDL 图 ··· 154
　　案例　绘制 SDL 图 ·· 154
单元三　工作流程图 ·· 162
　　案例　绘制工作流程图 ··· 162
单元四　基本流程图 ·· 176
　　案例　绘制网络建设流程图 ································· 176
单元五　跨职能流程图 ·· 189
　　案例　绘制跨职能流程图 ····································· 189
项目小结 ··· 200
项目习题 ··· 200

项目六　日程安排 ·· 203

单元一　PERT 图标 ··· 203
　　案例　绘制项目计划图表 ····································· 203
单元二　甘特图 ·· 204
　　案例　绘制教学工作计划表 ································· 205
单元三　日程表 ·· 207
　　案例　绘制事业单位考试时间安排表 ················· 207
单元四　日历 ·· 210
　　案例　绘制七月份学习安排日历 ························· 211
项目小结 ··· 213

项目习题 ·· 213

项目七　软件和数据库 ·· 216

单元一　数据流图表 ·· 216
　　案例　绘制网站访问数据流图表 ······························ 216
单元二　线框图标 ·· 219
　　案例　绘制微信聊天界面图 ·································· 219
项目小结 ·· 222
项目习题 ·· 222

项目八　商务图 ·· 224

单元一　价值流图 ·· 224
　　案例　绘制商品价值流图 ···································· 224
单元二　灵感触发图 ·· 227
　　案例　绘制成功人士灵感触发图 ······························ 227
单元三　营销图表 ·· 230
　　案例　绘制网络营销推广图 ·································· 230
单元四　组织结构图 ·· 231
　　案例　绘制公司组织结构图 ·································· 231
项目小结 ·· 232
项目习题 ·· 233

项目九　网络图 ·· 235

单元一　Active Directory ······································· 235
　　案例　绘制 Active Directory 图 ····························· 235
单元二　LDAP 目录 ·· 246
　　案例　绘制 LDAP 目录 ····································· 246
单元三　机架图 ·· 255
　　案例　绘制机架图 ·· 255
单元四　基本网络图 ·· 266
　　案例　绘制基本网络图 ······································ 266
单元五　详细网络图 ·· 276
　　案例 1　绘制详细网络图 ···································· 276
　　案例 2　绘制详细网络图 ···································· 285
项目小结 ·· 286
项目习题 ·· 286

参考文献 ·· 288

附录　Visio 常用快捷键 ·· 289

项目一
Visio 2010 简介

Visio 是一款可以利用强大的模板、模具、形状、文本、图片以及图表等元素，将用户的思想创意、产品理念绘制成可视化的图像进行传播、分析及交流的 Microsoft Office 办公软件。

单元一 基础操作

Visio 2010 的工作界面与 Office 2010 系列软件中的 Word 2010、Excel 2010 软件的工作界面类似。其主要由快速访问工具栏、标题栏、"文件"菜单、功能区、形状窗格、绘图区和状态栏等组成，如图 1-1-1 所示。

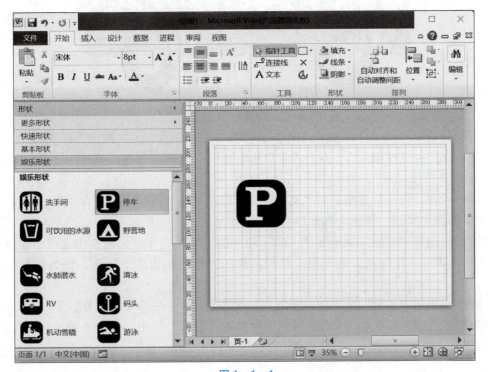

图 1-1-1

1. 标题栏

标题栏位于 Visio 2010 工作界面的最顶端，其中显示了当前编辑的绘图文档名称及程序名称。标题栏的右侧有三个程序窗口控制按钮，分别用于对 Visio 2010 的窗口执行最小化、最大化/还原和关闭操作。

2. 快速访问工具栏

在快速访问工具栏中，可以放置一些常用的命令按钮，单击对应按钮，即可快速执行命令操作。除了默认的"保存"按钮、"撤销"按钮以及"恢复"按钮外，单击"自定义快速访问工具栏"，在弹出的列表框中选择需要的选项，即可添加对应按钮。

3. 功能区

功能区位于标题栏的下方，它采用选项卡的方式分类存放着编排绘图文档时所需的工具。单击功能区中的选项卡标签，可切换功能区中显示的工具。在每一个选项卡中，工具又被分类放置在不同的组中。

案例　绘制小汽车

利用 Visio 文档绘制图 1-1-2 所示的小汽车。

绘制小汽车形状

图 1-1-2

步骤1：启动 Visio 2010，进入工作界面。在"文件"菜单的"新建"中选择"开始使用的其他方式"→"空白绘图"，双击或者单击右侧的"创建"按钮，新建一个空白的文档，如图 1-1-3 所示。

步骤2：在"设计"菜单下的"页面设置"组中选择"纸张方向"为"横向"，在"背景"组中选择"实心"背景，如图 1-1-4 所示。

步骤3：选择"开始"菜单下"工具"组中的"矩形"形状，在空白文档中绘制一个适当大小的矩形，作为汽车的车身。使用同样的操作绘制出多个矩形，作为汽车的其他部分。

步骤4：利用"工具"组中的"折线图"命令绘制一个三角形，作为车窗。

步骤5：选中汽车形状，单击"开始"菜单的"形状"组中，单击"填充"下拉箭头，选择颜色为"强调文字颜色2，深色25%"，填充汽车车身，如图 1-1-5 所示。

项目一　Visio 2010 简介

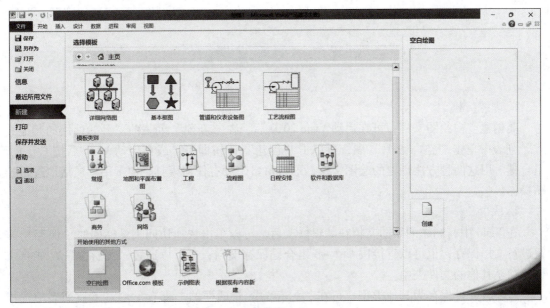

图1-1-3

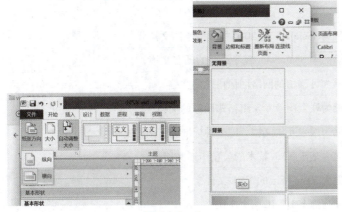

图1-1-4

图1-1-5

步骤6：再次选择"开始"菜单下"工具"组中的"矩形"形状，绘制车窗到小汽车的适当位置。使用同样的操作绘制车灯，并注意将图形置于最上层。

步骤7：利用"填充"颜色命令将汽车"尾灯"填充为"橙色"，前灯为"黄色"，车窗为"强调文字颜色2，淡色60%"。

步骤8：选择"工具"组中的"椭圆形"命令，按住Shift键绘制两个大小不同正圆形作为汽车的一个轮子，将大轮子填充颜色"强调文字颜色4，深色50%"，小轮子填充颜色"强调文字颜色3，淡色60%"。然后复制出汽车另一个轮子。

步骤9：拖曳鼠标，将所有形状全部选中。在"形状"组中选择"线条"下拉箭头，选择"无线条"。

步骤10：再次选中所有形状，在"排列"组中单击"组合"按钮。完成小汽车的绘制。

单元二　管理文档

1. 创建文档

要创建空白绘图文档，可在启动 Visio 2010 后，在"新建"列表的"开始使用的其他方式"列表中单击"空白绘图"项，再单击"创建"按钮即可，或在启动 Visio 后按 Ctrl + N 组合键。用这两种方法创建的绘图文档，形状窗口中没有任何模具，便于用户灵活地进行绘图操作。

2. 保存文档

在 Visio 中，制作的绘图文档在编辑修改后，可以单击快速访问工具栏中的"保存"按钮进行文档保存；也可以直接按 Ctrl + S 组合键保存文档；还可以通过"另存为"功能将文档另存至其他的文件夹中。

若要将文件保存为其他类型，可在"另存为"对话框的"保存类型"下拉列表中选择相应的文件类型，然后单击"保存"按钮即可。各主要文件类型的含义见表 1 – 2 – 1。

表 1 – 2 – 1

文件类型	含义
绘图	表示可以存储为 Visio 2007 – 2010 格式的绘图文档
Web 绘图	表示可以存储为与 SharePoint 程序结合的动态文档
PNG 图像	表示可以存储为可移植的网络图像格式的文档
JPEG 图像	表示可以存储为联合图像专家组格式图像的文档
EMF 图形	表示可以存储为增强元素文档，即一种标准矢量图形文档
SVG 图形	表示可以存储为基于 XML 技术的矢量图形文档
XML 绘图	表示可以存储为 Visio 特定的 XML 文件文档
网页	表示可以存储为静态 HTML 网页文档
AutoCAD 绘图	表示可以存储为与 AutoCAD 兼容的图形格式的文档

案例　绘制煎锅鸡蛋

利用基本框图模板，绘制煎锅鸡蛋，进一步熟悉 Visio 软件的使用。

绘制煎锅鸡蛋形状

步骤1：启动 Visio 2010，进入工作界面。在"文件"菜单的"新建"列表中选择"空白绘图"，或双击"空白绘图"图标，或单击右侧的"创建"按钮，创建一个空白文档，如图 1 – 2 – 1 所示。

步骤2：在"设计"菜单下找到"背景"组，单击下拉箭头，选择"实心"背景，如图 1 – 2 – 2 所示。

(a)

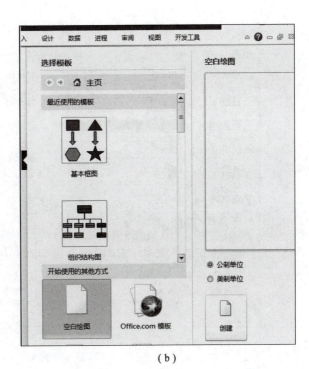
(b)

图1-2-1

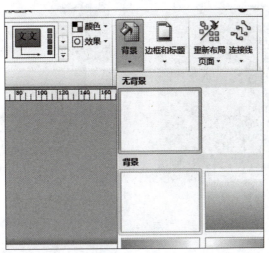

图1-2-2

步骤3：将"工具"→"形状"下的"矩形"形状拖曳到绘图区的适当位置，调整矩形的大小和位置，然后单击"形状"组中的"线条"→"线条选项"，更改线条属性，对圆角大小进行设置，如图1-2-3所示。

步骤4：使用同样的操作再绘制一个矩形，或者复制绘制好的矩形，放置在中心处。分别填充形状的颜色为"绿色"和"紫色"，如图1-2-4所示。

步骤5：再次绘制一个圆角矩形，作为平底锅的锅柄，并右击，将"锅柄"形状"置于底层"。

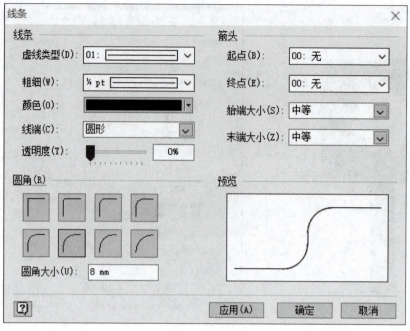

图 1-2-3

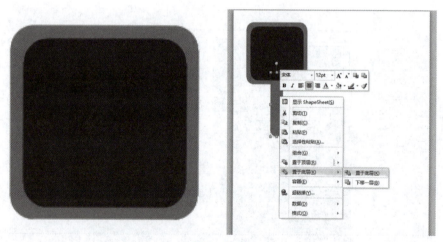

图 1-2-4

步骤6：利用"工具"组中的"椭圆"命令，按住键盘上的 Shift 键，绘制两个正圆形，并分别填充为"红色""黄色"，作为煎锅的按钮。

步骤7：单击左侧"形状"窗格的"更多形状"箭头，选择"基本形状"，弹出"基本形状"绘画窗格，如图 1-2-5 所示。

步骤8：将基本形状中的"七角星形"形状拖曳到绘图区，选择"形状"组中的"线条"→"线条选项"，更改圆角半径的大小，使七角星形看起来像"蛋白"效果，填充颜色为"纯色，白色"。

步骤9：将形状中的"圆形"形状拖曳到"蛋白"形状上方，填充的颜色为"纯黄

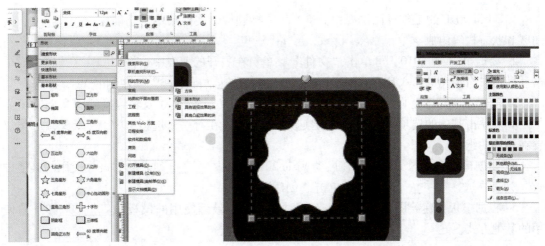

图 1-2-5

色"。

步骤 10：将所有形状选中，单击"线条"下拉箭头，选中"无线条"。

步骤 11：再次选中所有形状，在"排列"组中选中"组合"，将所有形状进行组合，成为一个图形整体，绘制完成。

项目小结

本项目主要介绍了 Visio 的相关基础知识，帮助读者了解 Visio 的工作界面、窗口操作以及软件的启动和退出技巧，并掌握绘图文档的基本操作方法，例如，新建、打开、另存为、打印、属性设置以及背景设置等。

项目习题

一、选择题

1. 默认情况下，Visio 2010 的快速访问工具栏中不包含（　　）按钮，但用户可以根据需要向其中添加常用的工具按钮。
   A. 保存　　　　　　B. 撤销　　　　　　C. 关闭　　　　　　D. 恢复

2. 文件菜单一般针对文件进行操作。默认情况下，文件菜单中不包含（　　）选项。
   A. 恢复　　　　　　B. 打开　　　　　　C. 保存　　　　　　D. 打印

3. Visio 2010 的绘图区位于工作界面的中间，是绘制和编辑各种形状的窗口。用户可以通过执行"视图"选项卡"单元窗格"下拉列表中的命令来显示窗口。其中，（　　）选项不是下拉列表中的命令。
   A. 形状　　　　　　B. 形状数据　　　　C. 大小和位置　　　D. 显示比例

4. 下列选项中，不能用于对 Visio 2010 窗口执行操作的是（　　）。
   A. 最小化　　　　　B. 最大化　　　　　C. 还原和关闭　　　D. 保存

5. Visio 是一款专业的商用矢量绘图软件，它提供了大量的矢量图形素材，可以帮助用户绘制多种图形，但不能帮助用户绘制（　　）图形。
   A. 结构图　　　　　B. 流程图　　　　　C. 模型图　　　　　D. AutoCAD

二、填空题

1. Visio 2010 的工作界面主要由_____、标题栏、文件菜单、功能区、_____、绘图区和状态栏等组成。

2. 要退出 Visio 2010，可单击"文件"菜单，在展开的列表中选择_____选项，或单击程序窗口右上角的"关闭"按钮，或_____"快速访问工具栏"左侧的 Visio 标志。

3. _____位于标题栏的下方，它采用选项卡的方式分类存放着编排绘图文档时所需的工具。单击其中的选项卡标签，可切换显示的工具。在每一个选项卡中，工具又被分类放置在不同的组中。

4. 要创建空白绘图文档，可在启动 Visio 2010 后在_____列表的"开始使用的其他方式"列表中选择_____选项，再单击"创建"按钮。

5. 根据模板创建绘图文档的方法有三种，分别为最近使用的模板、_____和开始使用的其他方式。

三、操作题

创建一个"常规"模板下的"基本框图"，绘制一个"圆形"，保存在本地电脑中，文件格式为"JPG"。

项目二

常规图形

Visio 的常规模板下有基本框图、具有透视效果的框图、框图 3 个子模板。

单元一 基本框图

基本框图模板包含用于反馈循环图、功能分解图、层次图、数据结构图、数据流框图和数据框图的二维几何形状和方向线。

案例 绘制小房子

经过了前面的学习，对 Visio 2010 这个软件有了一定的了解，接下来完成小房子的绘制。最终效果如图 2－1－1 所示。

绘制小房子

图 2－1－1

步骤1：启动Visio 2010，进入工作界面。在"文件"菜单的"新建"列表中选择"常规"→"基本框图"→"创建"（创建"小房子"文档），创建成功后，单击"设计"→"页面设置"，设置"纸张方向"为横向，如图2-1-2所示。

步骤2：绘制如图2-1-3所示的太阳，并进行编组。

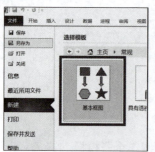

图2-1-2　　　　　　　　　　　　　　图2-1-3

太阳绘制小提示：

①绘制太阳光环。

将"基本形状"模具列表中的"七角星形"拖放到绘图区，之后复制该形状，将其旋转相应的角度，摆放位置如图2-1-4（a）所示，并利用布尔运算将两个形状进行联合操作。再单击"开始"→"形状"→"填充"，将联合的形状填充为标准黄色。单击"开始"→"形状"→"线条"，线条设置为无线条。最终绘制的太阳光环如图2-1-4（b）所示。

②制作太阳中心。

将"圆形"形状拖到联合形状的中间位置，如图2-1-5（a）所示。之后单击"开始"→"形状"→"填线条"→"线条选项"，设置线条为无，单击"开始"→"形状"→"填充"→"填充选项"，设置填充颜色为红色，图案为40，图案颜色为黄色，如图2-1-5（b）所示。

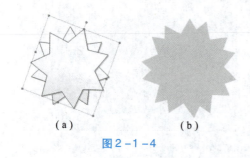

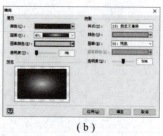

　（a）　　　　　（b）　　　　　　（a）　　　　　　（b）

图2-1-4　　　　　　　　　　　　　图2-1-5

③为绘制好的太阳光环与太阳中心编组。

长按鼠标左键将太阳光环与太阳中心框选中，如图2-1-6（a）所示。单击"开始"→"排列"→"组合"→"组合"，或者使用快捷键Ctrl+G，如图2-1-6（b）所示。

步骤3：绘制如图2-1-7所示的花，并进行编组。

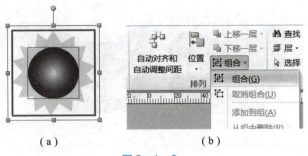

图 2-1-6

图 2-1-7

花绘制小提示：

①绘制花朵的花瓣。

将"基本形状"模具列表中的"椭圆"拖放到绘图区，之后复制4个该形状，将其旋转相应的角度，位置摆放如图2-1-8（a）所示。单击"开发工具"→"形状"→"操作"，利用布尔运算将这些形状进行"联合"操作，再将联合的形状通过单击"开始"→"形状"→"填充"→"其他颜色"，填充为粉色（RGB：251，166，230）。单击"开始"→"形状"→"线条"，线条设置为黑色。之后为图形添加阴影，使它更真实。最终绘制的花朵的花瓣如图2-1-8（b）所示。

②制作花朵中心。

将"圆形"形状拖到联合形状的中间位置，然后单击"开始"→"形状"→"线条"，设置线条为黑色，单击"开始"→"形状"→"填充"，设置填充颜色为橙色，如图2-1-9所示。

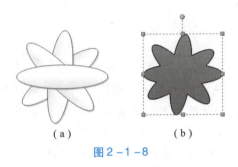

图 2-1-8

图 2-1-9

③制作花盆。

利用弧形工具（"开始"→"工具"→"弧形"或利用快捷键Ctrl+7进行调用该工具）绘制花盆，绘制之后，单击"开始"→"形状"→"填充"→"填充选项"，设置填充颜色为蓝色，单击"开始"→"形状"→"线条"→"线条选项"，将线条颜色设置为深蓝，如图2-1-10（c）所示。最后为图形添加阴影，使花盆更加真实。

④绘制花茎。

绘制一条直线，将花与花盆连接起来（来当作花的花茎），如图2-1-11（a）所示。绘制后，单击"开始"→"形状"→"线条"→"线条选项"，调整线条的粗细为3 pt。单击"开始"→"形状"→"填充"→"其他颜色"，调整颜色为蓝色（RGB：40，18，243），并置于

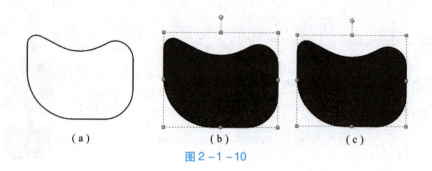

图 2-1-10

底层，适当调整位置。最后的效果如图 2-1-11（b）所示。

⑤为绘制好的花瓣、花朵中心、花盆和花茎编组。

长按鼠标左键将花瓣、花朵中心、花盆和花茎框选中，如图 2-1-12（a）所示，之后单击"开始"→"排列"→"组合"→"组合"，或者使用快捷键 Ctrl+G；如图 2-1-12（b）所示。

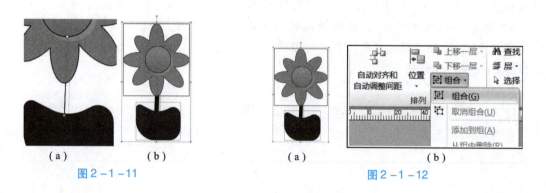

图 2-1-11   图 2-1-12

步骤 4：绘制云朵。

云朵绘制小提示：

将"基本形状"模具列表中的"椭圆"拖放到绘图区，之后复制该形状（任意个），将其旋转、调整、移动相应的角度进行摆放，使它的外轮廓类似于云朵，如图 2-1-13（a）所示，并利用布尔运算将这些形状进行联合操作，再将联合的形状通过单击"开始"→"形状"→"填充"→"填充选项"，填充为白色，单击"开始"→"形状"→"线条"，将线条设置为无。最终绘制的云朵如图 2-1-13（b）所示。如图 2-1-1 所示，案例中需要 3 朵云朵，可以再绘制 2 朵，也可以复制 2 朵。

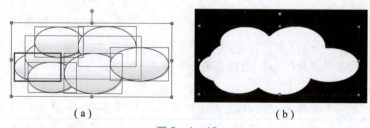

图 2-1-13

注意：在该步骤中，云朵颜色（白）与背景色白色撞色。为了使读者更清晰地理解/找到，在该步骤中将黑色代替为白色。

步骤5：绘制案例中如图2-1-14（a）所示的小房子，并进行编组。

图2-1-14

小房子绘制小提示：

①绘制左小房子的框架。

将"基本形状"模具列表中的"三角形、矩形"拖放到绘图区，将其摆放到相应的位置，如图2-1-15（a）所示（三角形作为房子的房盖，矩形作为房子的主体）。摆放好之后，单击"开始"→"形状"→"填充"→"填充选项"，将三角形（房盖）设置形状填充效果为"强调文字颜色1，淡色40%"，图案为02，图案颜色线条设置为"强调文字颜色1，深色25%"。三角形（房盖）填充如图2-1-15（b）所示。单击"开始"→"形状"→"填充"，将矩形（小房子主体）的形状填充为"强调文字颜色2，淡色60%"。左小房子框架如图2-1-16所示。

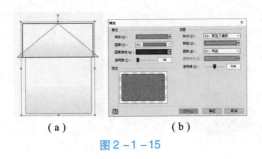

图2-1-15　　　　　　　　图2-1-16

②绘制左小房子的窗户。

把"基本形状"模具列表中的"正方形"拖放到绘图区，将其摆放到相应的位置，作为小房子的一扇窗户，如图2-1-17（a）所示。下一步在窗户上绘制窗框。可以单击"开始"→"工具"→"折线图"来绘制折线，如图2-1-17（b）所示。将鼠标移动到窗户左侧正方形边框高度的1/2处，长按鼠标向正右方拖曳绘制，直到到达右侧边框高度的1/2处停止。绘制的横窗框如图2-1-18（a）所示。接下来继续绘制竖窗框。将鼠标移动到窗户顶部正方形边框长度的1/2处，长按鼠标向正下方拖曳绘制，直到底侧边框长度的1/2处停止，如图2-1-18（b）所示。

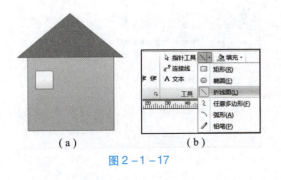

图2-1-17

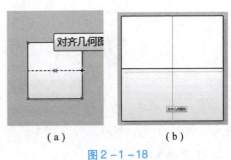

图2-1-18

将绘制好单个窗户和窗框进行编组，如图2-1-19所示。再复制一扇窗户，放到相应房子的位置，如图 2-1-20 所示。

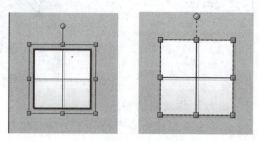

图 2-1-19　　　　　　　　　　　图 2-1-20

鼠标框选两扇窗户，单击"开始"→"形状"→"填充"→"填充选项"，设置两扇窗户的填充效果为：颜色：浅蓝、图案：03、图案颜色：浅绿，如图 2-1-21 所示。最后单击"开始"→"形状"→"阴影"，将阴影设置为无阴影。

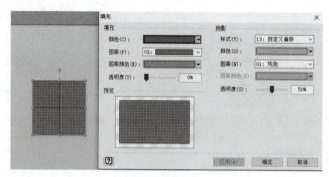

图 2-1-21

③绘制左小房子的门。

将"矩形""圆形"形状拖到合适的位置，如图 2-1-22（a）所示。之后使用布尔运算工具进行联合操作，如图 2-1-22（b）所示。单击"开始"→"形状"→"填充"，设置填充颜色为橙色，如图 2-1-22（c）所示。

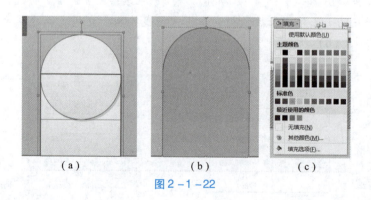

（a）　　　　　　　　（b）　　　　　　　　（c）

图 2-1-22

④绘制左小房子的门把手。

将"五角星"形状拖到门相应的合适位置，如图 2-1-23（a）所示。单击"开始"→

"形状"→"填充",设置填充颜色为紫色,如图2-1-23(b)所示。

⑤绘制左小房子的烟囱。

将"矩形""圆形"形状拖到的合适位置,如图2-1-24所示。单击"开始"→"形状"→"填充",将矩形作为烟囱主体,设置填充颜色为"强调文字颜色5,淡色40%",并右击,选择"置于底层",如图2-1-25所示。

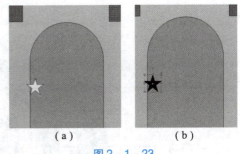

(a)　　　　　(b)

图2-1-23

图2-1-24

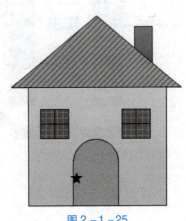

图2-1-25

⑥对整个小房子进行编组。

将小房子有关的所有形状全部选中,单击"开始"→"排列"→"组合"→"组合",或者使用快捷键Ctrl+G,就完成编组了。

步骤6:绘制案例中如图2-1-26所示大房子,并进行编组。

图2-1-26

大房子绘制小提示:

如图2-1-27所示,经过一系列的形状拼组,填充样式、线条样式及阴影样式的调整,并组合后,将会得到图2-1-26所示的大房子的效果。

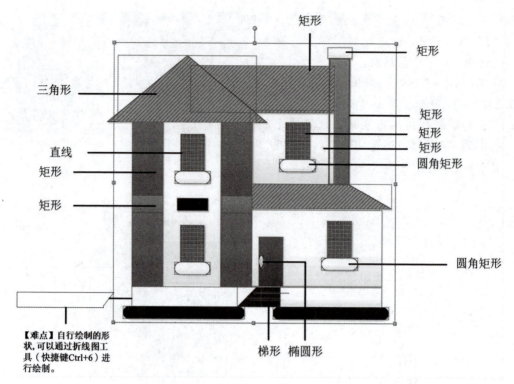

图2-1-27

步骤7：单击"设计"→"背景"，设置该文件背景为实心，颜色为淡蓝色（RGB（为232，238，247））。单击"设计"→"边框和标题"，设置样式为"霓虹灯"，如图2-1-28所示。更改标题名称为"房子"，华文隶书，24号，字体黑色。

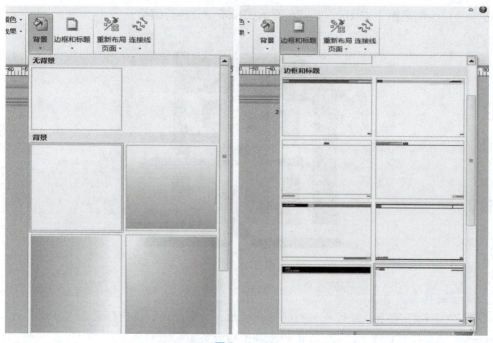

图2-1-28

项目二　常规图形

单元二　具有透视效果的框图

具有透视效果的框图包括可以更改深度和透视效果的三维几何形状、方向线和消失点，用于功能分解图、层次图和数据结构图。

案例1　绘制透视图

利用具有透视效果的框图来绘制透视图，如图2－2－1所示。

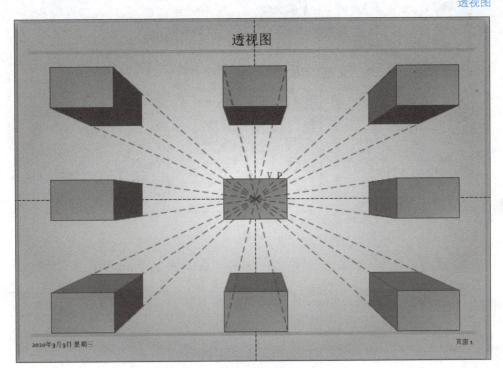

图2－2－1

步骤1：单击"常规"→"具有透视效果的框图"。

步骤2：设置纸张方向为横向。将"消失点"形状移动到绘图区中心位置。在"大小和位置"中设置X为150 mm，Y为100 mm，如图2－2－2所示。

步骤3：将"具有透视效果的块"形状下的"浅块"形状拖曳到绘图区的中心位置。

步骤4：将"具有透视效果的块"形状下的"块"形状分别拖曳到绘图区的适当位置，如图2－2－3所示。

大小和位置		
	X	150 mm
	Y	100 mm
	宽度	0 mm
	高度	0 mm
	角度	0 deg
	旋转中心点位置	正中部

图2－2－2

17

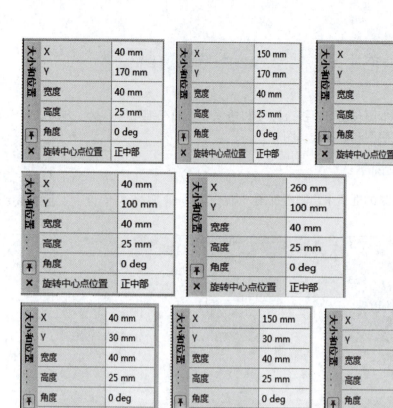

图 2-2-3

步骤5：单击"开始"菜单"工具"组中选择"折线图"，单击"确定"按钮。

步骤6：美化图形。选择"设计"菜单下的"主题"，选择"市镇 颜色,突出显示斜角 效果"，如图 2-2-4 所示。

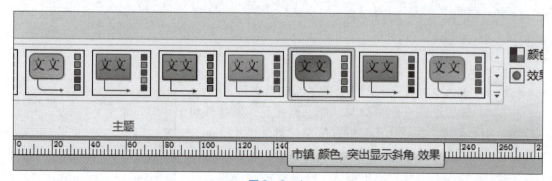

图 2-2-4

步骤7：选择工具组中的折线图，将"浅块"中心点与各个"块"形状的个别顶点链接，并在"形状"组中的"线条"下拉列表中选择"虚线"，如图 2-2-5 所示。

步骤8：选择所有的折线图，单击"阴影"列表，选择"无阴影"。

步骤9：单击"背景"下拉按钮，弹出下拉菜单，为作品添加一个"中心渐变"背景。

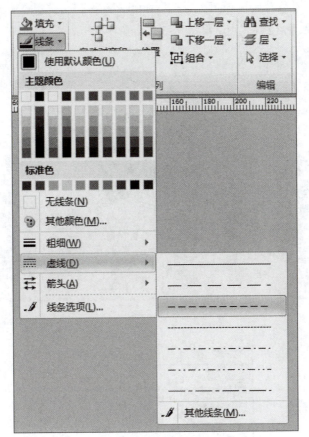

图 2-2-5

步骤 10：添加"边框和标题"。在"背景"组中，单击"边框和标题"下拉列表，选择"字母"标题样式。

步骤 11：在"背景-1"标签下，更改标题名称为"透视图"，设置文字样式为"方正姚体"，文字大小为"34"，更改日期。完成绘制。

案例 2　绘制电视台 LOGO

绘制电视台 LOGO，如图 2-2-6 所示。

步骤 1：单击"常规"→"具有透视效果的框图"。

步骤 2：设置纸张方向为横向。将"消失点"形状移动到绘图区中心位置。设置"大小和位置"为 X：150 mm，Y：100 mm，如图 2-2-7 所示。

步骤 3：将"具有透视效果的块"形状窗格下的"肘形 1""肘形 2""肘形 3""肘形 4"形状分别拖曳到绘图区的适当位置，如图 2-2-8 所示。

步骤 4：将四个"肘形"形状的颜色填充为"红色"。

步骤 5：插入本地电脑中的图片素材，并调整图片宽度为 55 mm，高度为 56 mm，放置在图形中心位置。

步骤 6：将"具有透视效果的块"形状窗格下的"向上箭头"拖曳到绘图区，并设置其"大小和位置"，如图 2-2-9 所示。

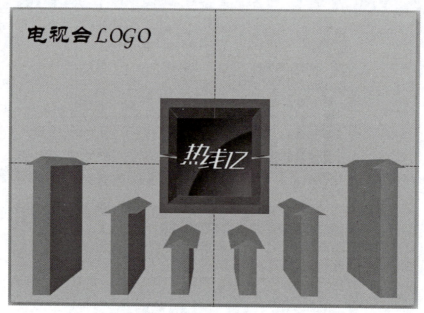

图 2-2-6

大小和位置	X	150 mm
	Y	100 mm
	宽度	0 mm
	高度	0 mm
	角度	0 deg
	旋转中心点位置	正中部

图 2-2-7

大小和位置	X	130 mm
	Y	127 mm
	宽度	40 mm
	高度	40 mm
	角度	0 deg
	旋转中心点位置	正中部

大小和位置	X	170 mm
	Y	127 mm
	宽度	40 mm
	高度	40 mm
	角度	0 deg
	旋转中心点位置	正中部

大小和位置	X	130 mm
	Y	85 mm
	宽度	40 mm
	高度	40 mm
	角度	0 deg
	旋转中心点位置	正中部

大小和位置	X	170 mm
	Y	85 mm
	宽度	40 mm
	高度	40 mm
	角度	0 deg
	旋转中心点位置	正中部

图 2-2-8

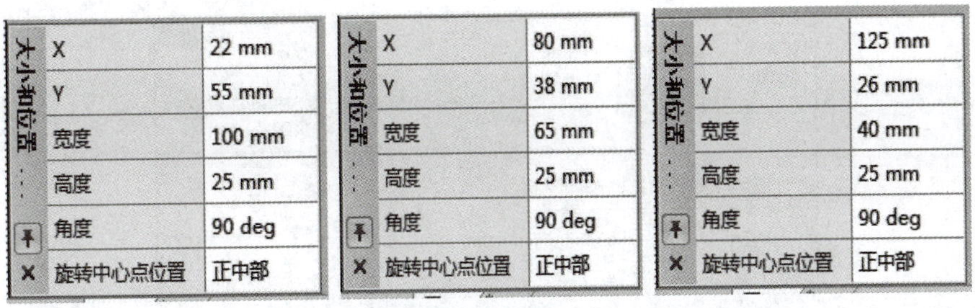

图2-2-9

步骤7：选择3个"向上箭头"，进行"复制""粘贴"操作，在"排列"组，单击"位置"下拉列表，选择"旋转形状"→"水平翻转"，如图2-2-10所示。

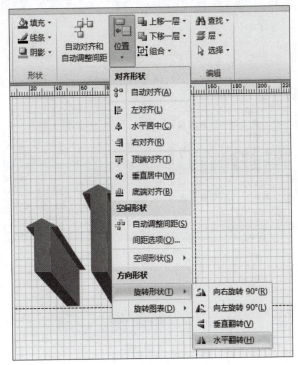

图2-2-10

步骤8：移动3个"向上箭头"形状到适当的位置，并将所有"向上箭头"颜色填充为"绿色"。

步骤9：美化作品。在"设计"→"背景"下拉列表中为作品添加一个"垂直渐变"背景。

步骤10：再次点开"背景"下拉列表，选择"背景色"为"橙色"，如图2-2-11所示。

步骤11：添加"标题"。利用"工具"组中的"文本"命令为作品添加文字"电视台Logo"为标题。设置文字字体为"华文隶书"，大小为"48 pt"，颜色为"深蓝"，放置到合适位置。完成绘制。

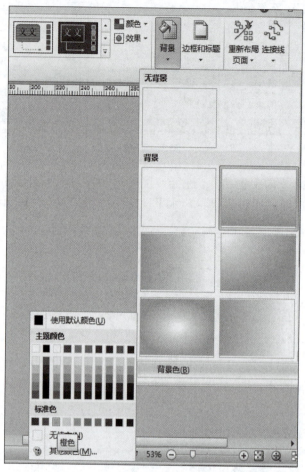

图 2-2-11

单元三　框　图

框图包括用于反馈的循环图、带批注的功能分解图、数据结构图、层次图、信号流和数据流框图的二维形状/三维形状和方向线。

案例　绘制计算机硬件系统框图

绘制计算机硬件系统框图，如图 2-3-1 所示。

步骤1：打开 Visio 软件。

步骤2：新建"常规"→"框图"模板，双击，或者单击右侧的"新建"按钮。

步骤3：设计页面。单击"设计"菜单，在页面设置组中单击"纸张方向"下面的黑色箭头，选择"横向"。

绘制计算机硬件系统框图

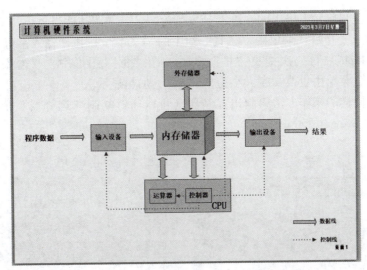

图 2-3-1

步骤4：在"设计"菜单下的"背景"组中，单击背景下面的黑色箭头，选择"溪流"背景。再次单击背景下拉箭头，选择"背景色"中的"强调文字颜色5，淡色80%"，如图2-3-2所示。

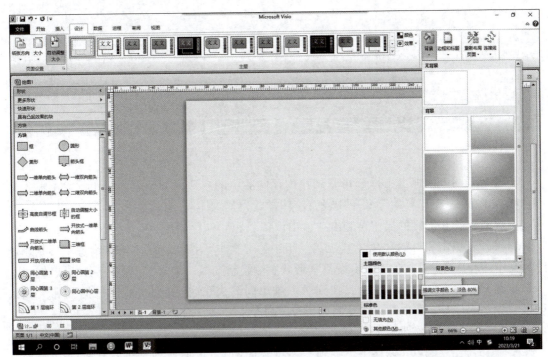

图 2-3-2

步骤5：在左侧单元窗格中找到"三维框"，拖曳到绘图区。调整模具的黄色控制点，改变三维框的状态；调整蓝色控制点，使图形显示适合的大小。

步骤6：双击"三维框"模具，输入文字内容"内存储器"，并单击"开始"菜单的字体组调整字体样式为"宋体"，大小为"24 pt"，加粗显示。

步骤7：将左侧单元窗格中的"框"拖曳到绘图区，并调整适当大小。

步骤8：单击"开始"菜单中"工具"组中的"文本"按钮，输入字母"CPU"，设置字体大小为"24 pt"。再一次拖曳"框"到前一个"框"图形中，双击添加文字"运算器"。在"开始"菜单中更改文字大小为"16 pt"，加粗显示。

步骤9：用同样的操作方法绘制出控制器（可以通过复制"运算器"形状来制作"控制器"），如图2-3-3所示。

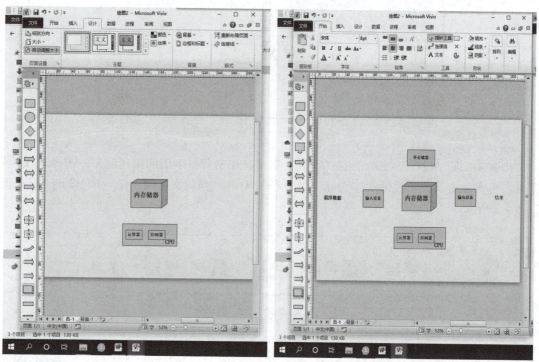

图2-3-3

步骤10：再一次拖曳"框"形状到"内存储器"的左侧，调整适当大小，双击输入文字"输入设备"，在"开始"菜单中设置字体样式为"宋体"，字体大小为"16 pt"。

步骤11：使用同样的操作绘制出"输出设备"和"外存储器"。

步骤12：单击"开始"菜单"工具"组中的"文本"按钮，在"输入设备"形状左侧绘制文本"程序数据"，在"输出设备"形状右侧绘制文本"结果"。调整字体样式和大小。

步骤13：在左侧单元窗格中，找到"一维单向箭头"，拖曳到"程序数据"和"输入设备"中间的位置，调整箭头的控制点到合适的大小。

步骤14：重复操作步骤13，或者复制"一维单向箭头"形状，调整到适当位置。

步骤15：在左侧单元窗格中，找到"一维双向箭头"，拖曳到"外存储器"和"内存储器"中间位置，调整箭头的控制点到合适的大小。

步骤16：同以上步骤，绘制出"内存储器"与"CPU"形状中间位置的箭头形状。

步骤17：绘制线条。单击"开始"菜单"工具"组中的"矩形"按钮，单击下拉箭头，选择"折线图"。绘制出控制器与输入设备的连接线条。

步骤18：选中线条，在"形状"组中单击线条下拉箭头，更改线条的箭头样式和虚线情况，以及线条的颜色，如图2-3-4所示。

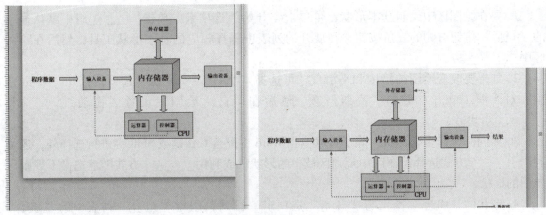

图2-3-4

步骤19：使用同样方法绘制出其他线条。

步骤20：按照以上绘图方法，绘制出计算机硬件系统框图的图例部分。

步骤21：选择"设计"菜单"背景"组中的"边框和标题"下拉箭头，选择"平铺"效果。

步骤22：在绘图区左下角"背景-1"标签下，更改标题的文字内容及颜色效果。绘图完成。

项目小结

通过"常规"模板中的三个子模板，分别绘制了相应案例，读者可以根据实际情况"举一反三"强化练习，绘制出需要的图形效果。

项目习题

一、选择题

1. Visio 2010 提供了六种工具供用户绘制各种基本形状。下列选项中，（　　）不是其中的工具之一。

　　A. 任意多边形　　B. 弧形　　C. 钢笔　　D. 铅笔

2. 使用 Visio 提供的（　　）工具，不仅可以绘制直线与弧线，还可以绘制任意多边形。

　　A. 铅笔　　B. 任意多边形　　C. 弧形　　D. 矩形

3. 选择形状的方法有多种，当按类型选择形状时，用户可以选中相应复选项并确定，此时 Visio 将自动按照用户选择的项目进行筛选。下列选项中，（　　）不是其中的选择方式。

　　A. 形状　　B. 参考线　　C. 组合　　D. 矢量图

4. 下列选项中，不能对 Visio 2010 形状进行布尔操作的是（　　）。

　　A. 联合　　B. 组合　　C. 相交　　D. 修改

5. 要取消对所有形状的选择，可单击绘图区中任意空白处，或按（　　）键。

A. Esc　　　　　B. Ctrl　　　　　C. Shift　　　　　D. Alt

二、填空题

1. 要在绘图区中绘制基本形状，可单击"开始"选项卡中单击_____组中默认显示的"矩形"按钮右侧的三角按钮，在展开的列表中选择相应的基本形状工具，然后在绘图区中_____。

2. 如果要改变绘图的精度和平滑度，可选择"文件"→"选项"选项，打开"Visio 选项"对话框，单击左侧的"高级"项，然后在"自由绘图"设置区拖动_____和_____滑块。

3. 要同时选择多个形状，除了可以像在 Word 中配合 Ctrl 键或 Shift 键进行选择外，还可利用_____方式选择绘图区中规则区域中的形状，或利用_____方式随意选择不规则区域中的形状。

4. 形状的"组合"操作与"开始"选项卡"排列"组中"组合"列表中的"组合"不同。前者合并后，将自动隐藏形状的_____部分，并且该部分以空白的方式显示，而后者是将所选的形状组合成一个整体。

5. _____是 Visio 中提供的一种图形素材格式，包含了各种图形元素或图像。一般情况下，Visio 会根据用户创建的不同文件类型进行设置。除此之外，用户还可以在绘图文档中添加其他分类的_____。

三、操作题

1. 绘制如图 1 所示的旅行箱。
2. 绘制如图 2 所示的森林形状。

图 1　　　　　　　　　　　　　图 2

项目三

地图和平面布置图

Visio 的地图和平面布置图模板下有 HVAC 规划、HVAC 控制逻辑图、安全和门禁平面图、办公室布局、电气和电信规划、方向图、工厂布局、管线和管道平面图、家居规划、空间规划、平面布置图、三维方向图、天花板反向图、现场平面图，共 14 个子模板。

HVAC 规划创建加热、通风、空气调节和分布的批注图，以及用于自动楼宇控制、环境控制和能源系统的制冷系统批注图。HVAC 控制逻辑图创建采暖、通风、空调和配电、制冷、自动建筑控制、环境控制和能源系统的 HVAC 系统和控制图。安全和门禁平面图用于安全控制系统、安全系统设计、内部安全系统、外部安全系统、安全控制监控、安全系统设计图和线路图。

单元一 办公室布局

办公室布局创建设施管理、移动管理、办公用品目录、资产目录、办公空间规划和隔间的平面图、平面布置图和设计图。

绘制办公室布局图

案例 绘制办公室布局图

利用"地图和平面布置图"→"办公室布局"模板绘制办公室布局图，如图 3-1-1 所示。

步骤 1：打开 Visio 软件。

步骤 2：单击"文件"菜单，选择模板类别"地图和平面布置图"，如图 3-1-2 所示。

步骤 3：在"地图和平面布置图"界面，选择"办公室布局"，双击，或者单击右侧"创建"按钮打开，如图 3-1-3 所示。

步骤 4：设计页面。单击"设计"菜单，纸张方向选择"横向"，在"页面设置"组中单击下面的黑色箭头，选择"绘图缩放比例"为 1∶50，单击"应用"及"确定"按钮，如图 3-1-4 所示。

步骤 5：在"设计"菜单下的"背景"组中，单击背景下面的黑色箭头，背景为"实

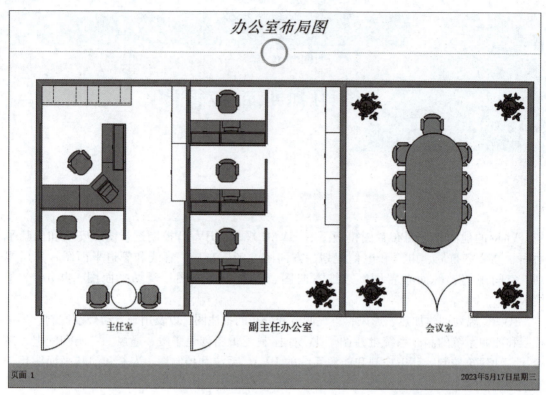

图 3-1-1

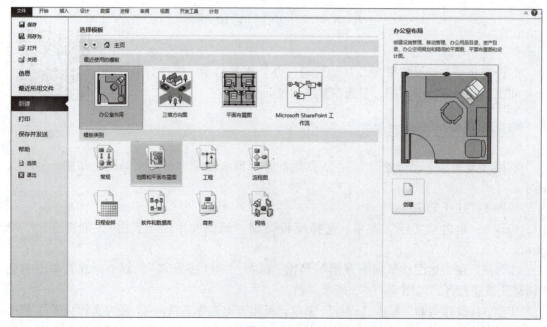

图 3-1-2

项目三　地图和平面布置图

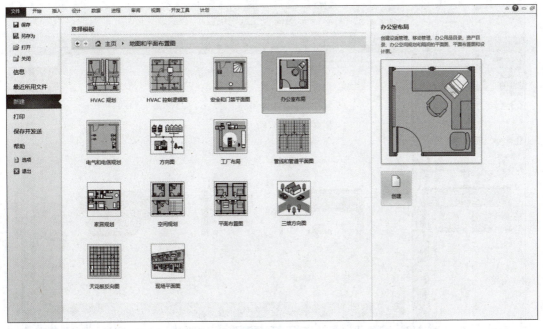

图 3-1-3

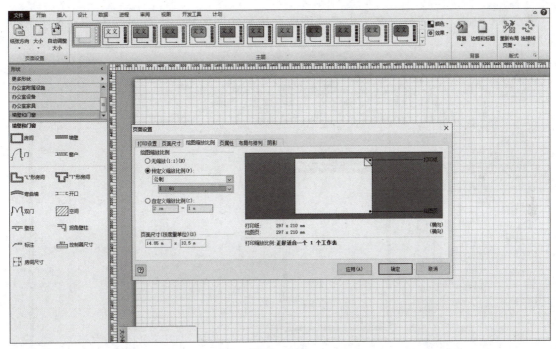

图 3-1-4

心",选择"市镇"边框和标题。在左下角"背景-1"输入文字内容"办公室布局图",并单击"开始"菜单的"字体"组中调整字体样式为"宋体",大小为"24 pt",倾斜显示,如图 3-1-5 所示。

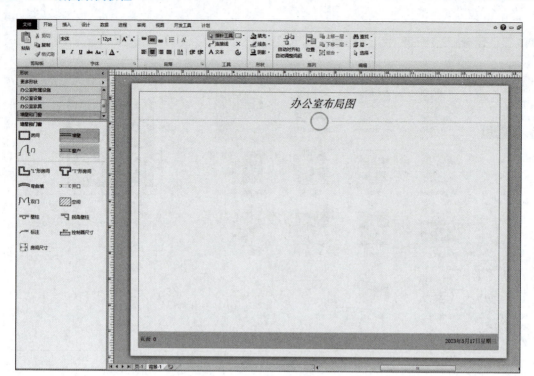

图 3-1-5

步骤6：在"墙壁和门窗"中把"墙壁"拖到绘图区域，进行如图 3-1-6 所示的设置。

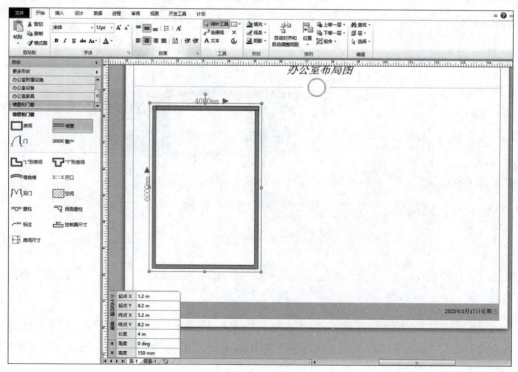

图 3-1-6

步骤7：在"办公室家具"中把"书柜"拖到绘图区域，高度为1 200 mm，再复制一个，如图3－1－7所示。

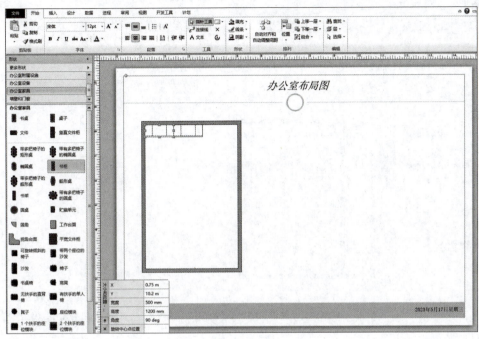

图3－1－7

步骤8：在"办公室家具"中把"竖直文件柜"拖到绘图区域中，高度为1 500 mm，再进行复制，如图3－1－8所示。

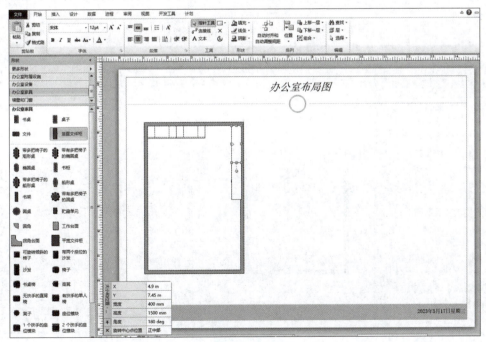

图3－1－8

步骤9：在"隔间"中把"议事工作台"拖到绘图区域中，并进行旋转，如图3-1-9所示。

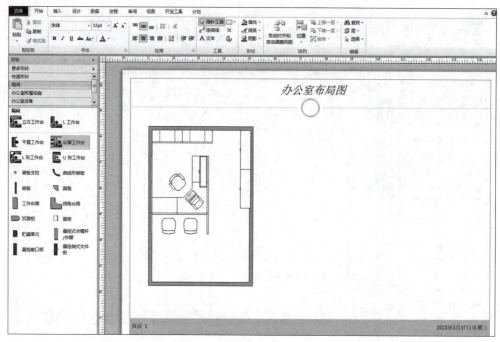

图3-1-9

步骤10：在"办公室家具"中把"圆桌""书桌椅"拖到绘图区域，旋转"书桌椅"，并进行适当调整，如图3-1-10所示。

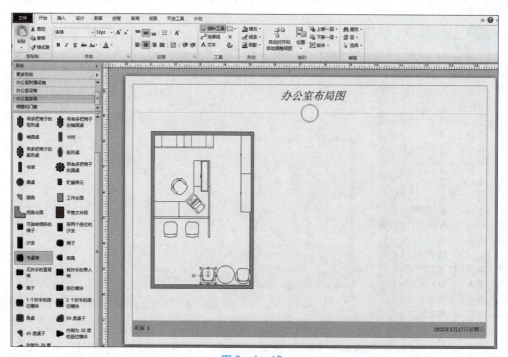

图3-1-10

步骤11：在"墙壁和门窗"中把"门"拖到绘图区域，右击，选择"向里打开/向外打开"，再选择"向左打开/向右打开"，如图3－1－11所示。

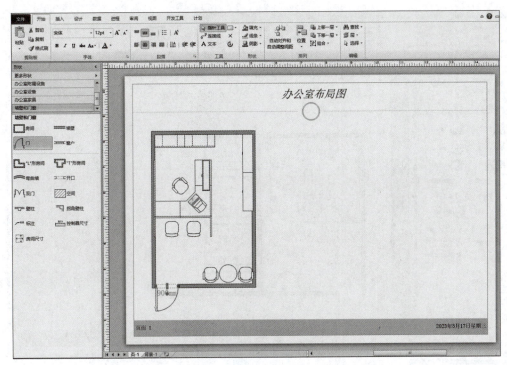

图3－1－11

步骤12：重复步骤6，并设置第二个墙壁，如图3－1－12所示。

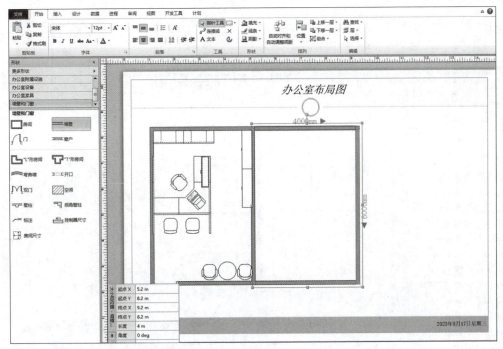

图3－1－12

步骤13：在"隔间"中把"平直工作台"拖到绘图区域，并进行旋转，再进行复制，如图3-1-13所示。

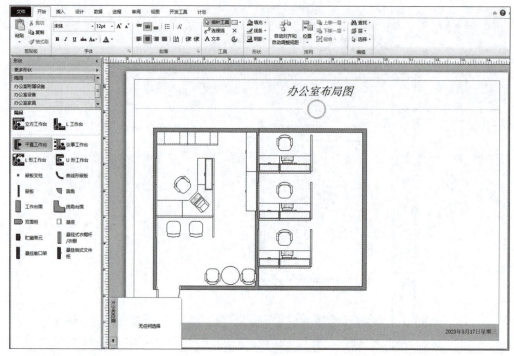

图3-1-13

步骤14：在"办公室家具"中把"竖直文件柜"拖到绘图区域，并进行旋转，再进行复制，如图3-1-14所示。

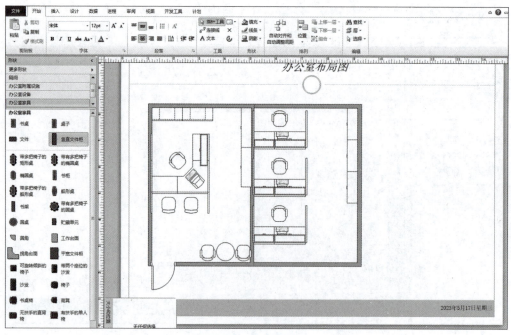

图3-1-14

步骤15：把"办公室附属设施"中的"大植物"拖到绘图区域，如图 3-1-15 所示。

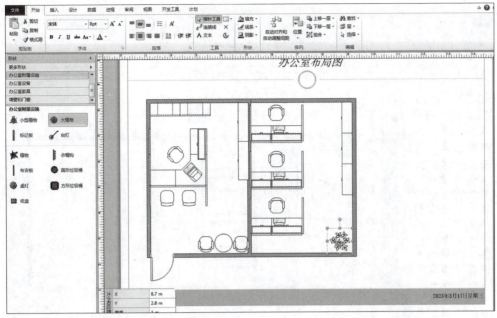

图 3-1-15

步骤16：重复步骤11。在"墙壁和门窗"中把"门"拖到绘图区域，右击，选择"向里打开/向外打开"，再选择"向左打开/向右打开"，如图 3-1-16 所示。

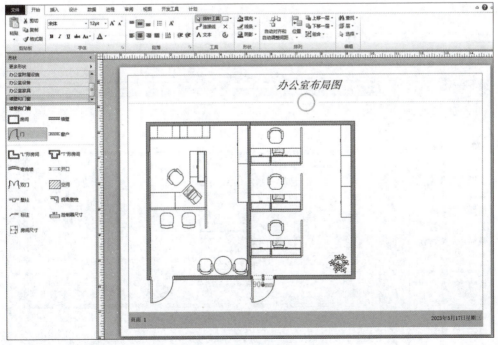

图 3-1-16

步骤17：重复步骤6，并设置第三个墙壁。需要注意的是，长度设置为5 m，如图3－1－17所示。

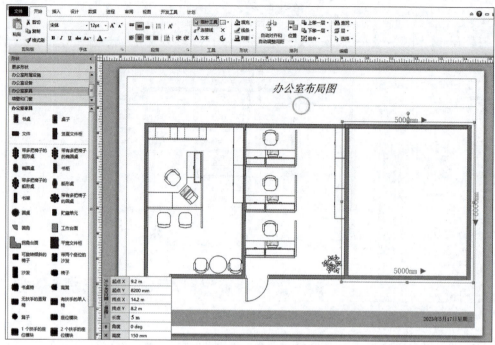

图3－1－17

步骤18：在"办公室家具"中把"带有多把椅子的椭圆桌"拖到绘图区域，如图3－1－18所示。

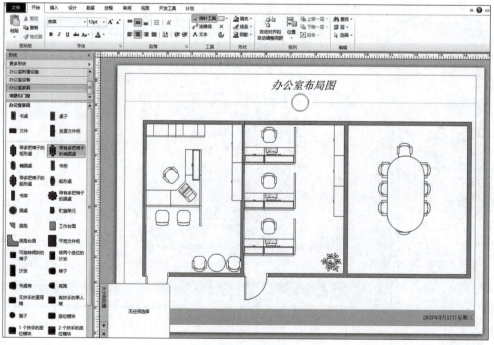

图3－1－18

步骤19：在"墙壁和门窗"中把"双门"拖到绘图区域，如图3-1-19所示。

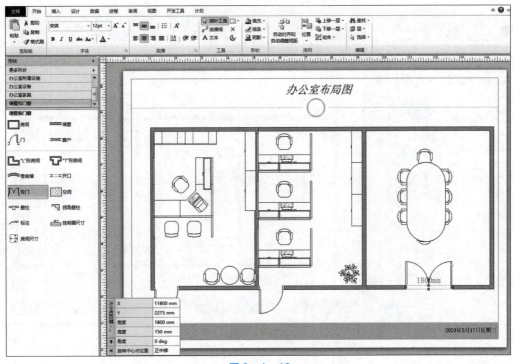

图 3-1-19

步骤20：在"办公室附属设施"中把"大植物"拖到绘图区域，并进行适当调整，再进行复制，如图3-1-20所示。

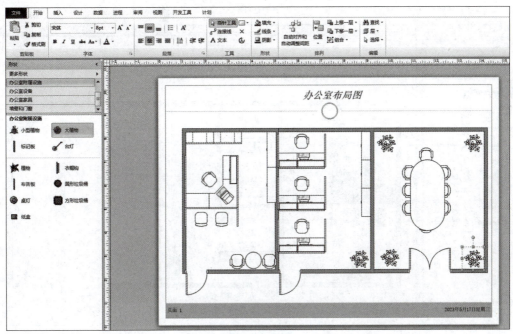

图 3-1-20

步骤21：单击"开始"菜单"工具"组中的"文本"按钮，依次输入"主任室""副主任办公室""会议室"，设置字体大小为14 pt，如图3－1－21所示。

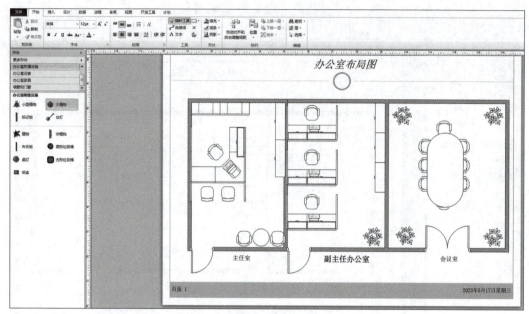

图3－1－21

步骤22：第一个房间"书柜"填充为"强调文字颜色2，淡色80%"，"议事工作台"填充为"浅绿"，"书桌椅"填充为"橙色"，如图3－1－22所示。

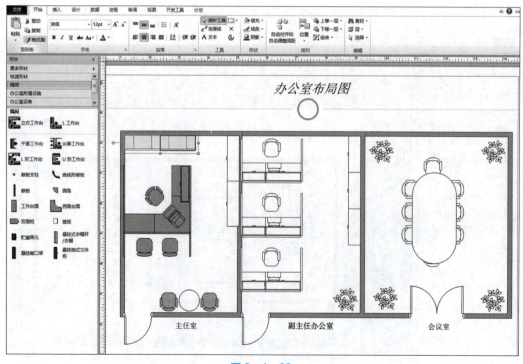

图3－1－22

步骤23：第二个房间"平直工作台"填充为"浅绿"，"大植物"填充为"绿色"，如图3-1-23所示。

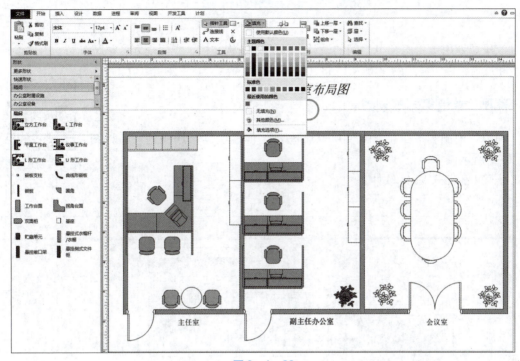

图3-1-23

步骤24：第三个房间"带有多把椅子的椭圆桌"填充为"橙色"，"大植物"填充为"绿色"。最终效果如图3-1-24所示。

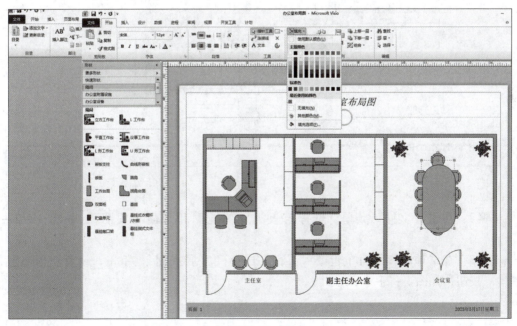

图3-1-24

单元二　家居规划

家居规划用于厨房和卫生间的设计、架构和结构文档、空间规划、家居布局、内部设计、改造和规划扩建，使用的比例为 1∶48（美国单位）或 1∶50（公制单位）。

案例　绘制家居规划图

利用"地图和平面布置图"→"家居规划"模板绘制家居规划图，如图 3-2-1 所示。

绘制家居规划图

步骤 1：打开 Visio 软件。

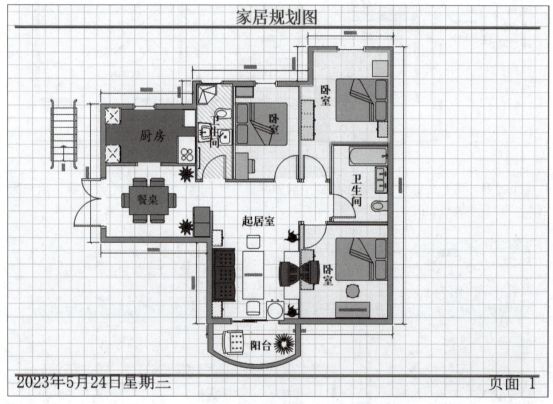

图 3-2-1

步骤 2：单击"文件"菜单，选择模板类别"地图和平面布置图"，如图 3-2-2 所示。

步骤 3：在"地图和平面布置图"界面，选择"家居规划"，双击，或者单击右侧的"创建"按钮，如图 3-2-3 所示。

项目三　地图和平面布置图

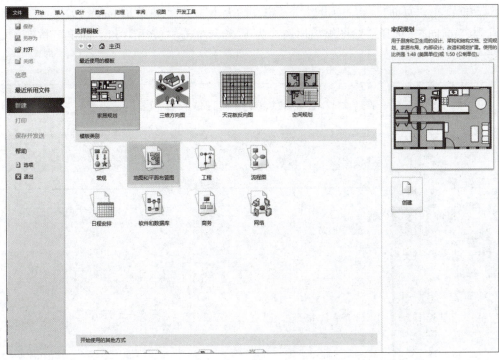

图3-2-2

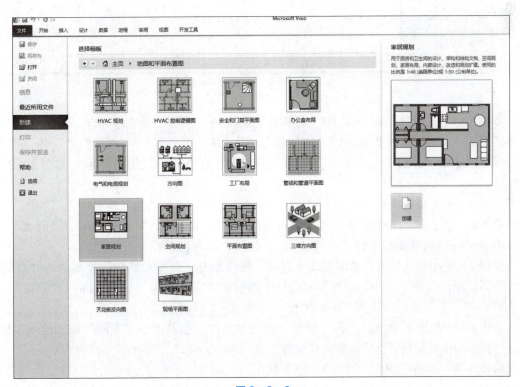

图3-2-3

步骤4：设计页面。单击"设计"菜单中"页面设置"组的"对话框启动器"按钮，弹出对话框，在"页面尺寸"中设置"预定义的大小"为"A3:420 mm×297 mm"，"页面方向"为"横向"，选择"绘图缩放比例"为1∶50，单击"应用"和"确定"按钮，如图3-2-4所示。

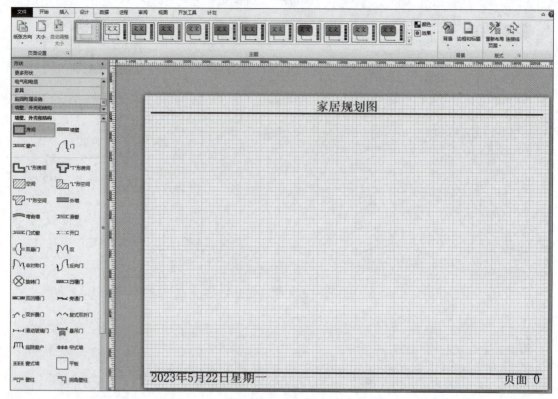

图3-2-4

步骤5：在"背景"组中单击"背景"下拉按钮，选择"字母"边框和标题。在左下角"背景-1"中输入文字内容"家居规划图"，并单击"开始"菜单的"字体"组中调整字体样式为"宋体"，大小为"36 pt"，字体颜色为蓝色，加粗显示，如图3-2-5所示。

步骤6：左下角切换到"页面-1"中，将"墙壁、外壳和结构"模具中把"空间"拖到绘图区域，并在"大小和位置"对话框中调整其"宽度"为"3 600 mm"，"高度"为"3 730 mm"，直到其面积达到"13平方米"，如图3-2-6所示。

步骤7：使用相同的方法绘制第2个房间，将"墙壁、外壳和结构"模具中的"空间"拖到绘图区域，并在"大小和位置"对话框中调整其"宽度"为"4 150 mm"，"高度"为"1 500 mm"，直到其面积达到"6平方米"，如图3-2-7所示。

步骤8：绘制第3个房间。将"墙壁、外壳和结构"模具中的"空间"拖到绘图区域，并在"大小和位置"对话框中调整其"宽度"为"4 450 mm"，"高度"为"4 600 mm"，直到其面积达到"20平方米"，如图3-2-8所示。

步骤9：绘制第4个房间。将"墙壁、外壳和结构"模具中的"空间"拖到绘图区域，并在"大小和位置"对话框中调整其"宽度"为"3 900 mm"，"高度"为"4 550 mm"，直到其面积达到"18平方米"，如图3-2-9所示。

项目三　地图和平面布置图

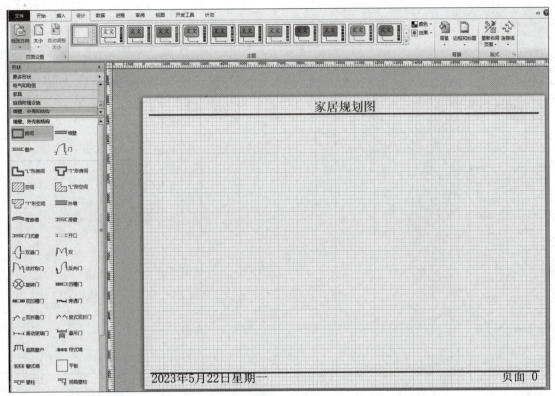

图 3-2-5

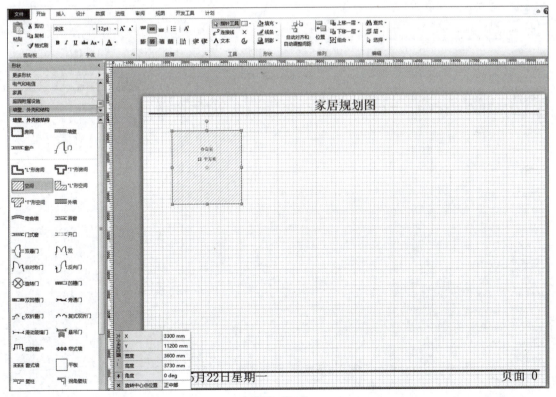

图 3-2-6

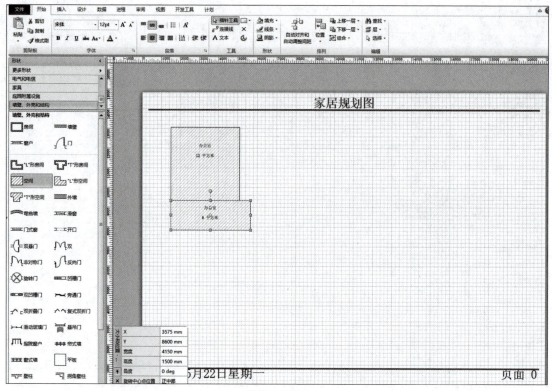

图 3-2-7

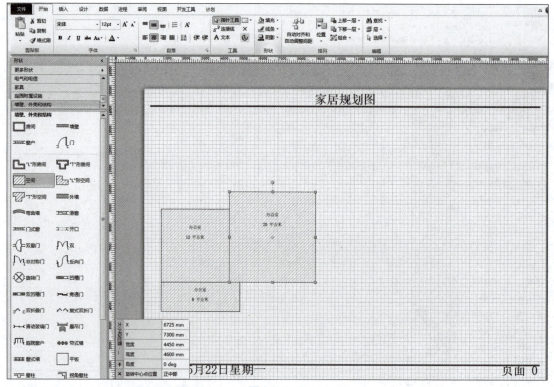

图 3-2-8

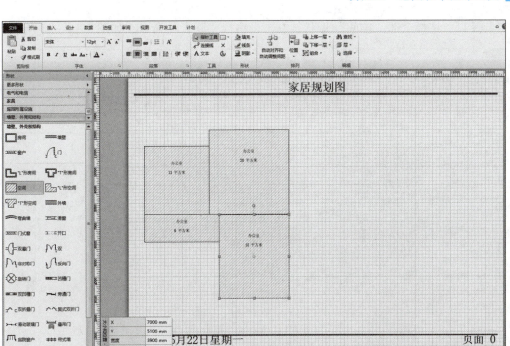

图 3-2-9

步骤10：绘制第5个房间。将"墙壁、外壳和结构"模具中的"空间"拖到绘图区域，并在"大小和位置"对话框中调整其"宽度"为"3 300 mm"，"高度"为"10 450 mm"，直到其面积达到"34 平方米"，效果如图 3-2-10 所示。

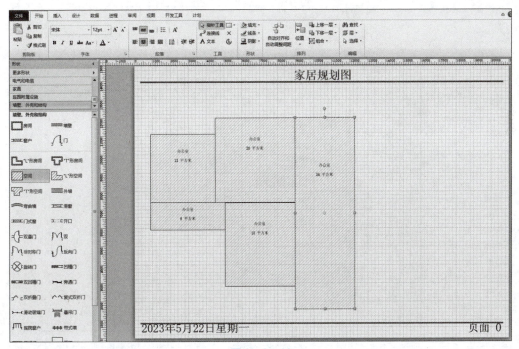

图 3-2-10

步骤11：选择全部"空间"形状，右击，执行"联合"命令，如图3-2-11所示。

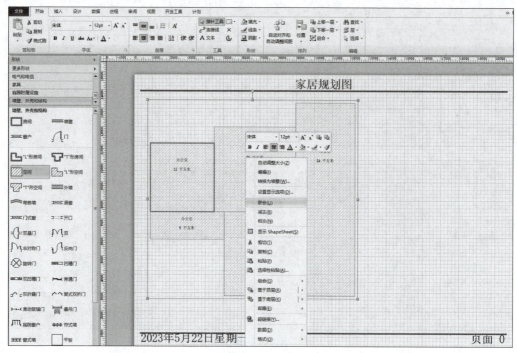

图3-2-11

步骤12：单击菜单栏中的"计划"选项卡"转换为背景墙"按钮，在弹出的对话框中，"墙壁形状"选择"外墙"，勾选"添加尺寸"并单击"确定"按钮，如图3-2-12所示。

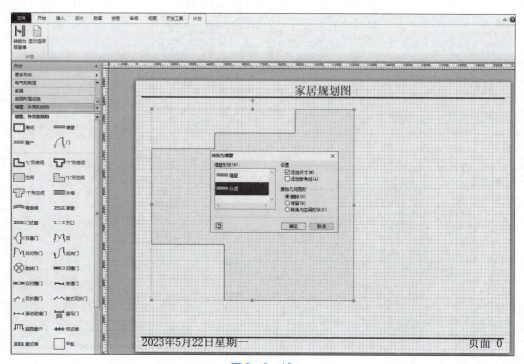

图3-2-12

步骤13：将"墙壁、外壳和结构"中的"墙壁"拖到绘图区域，并附在"外墙"上，如图3-2-13所示。

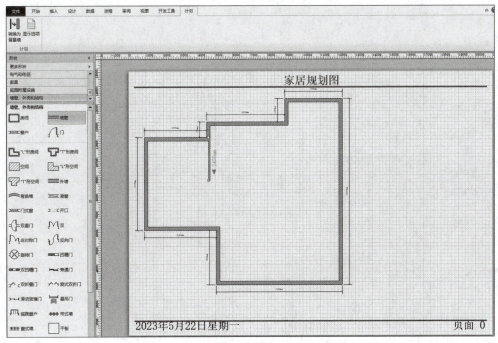

图3-2-13

步骤14：使用相同的方法依次将"墙壁"拖到绘图区域，并附在"外墙"上，如图3-2-14所示。

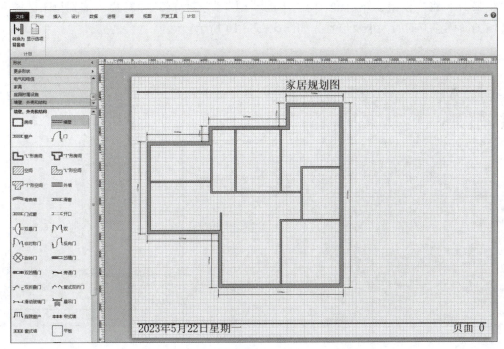

图3-2-14

步骤 15：将"墙壁、外壳和结构"中的"外墙""弯曲墙"拖到绘图区域，并调整其长度，放于合适的位置，如图 3-2-15 所示。

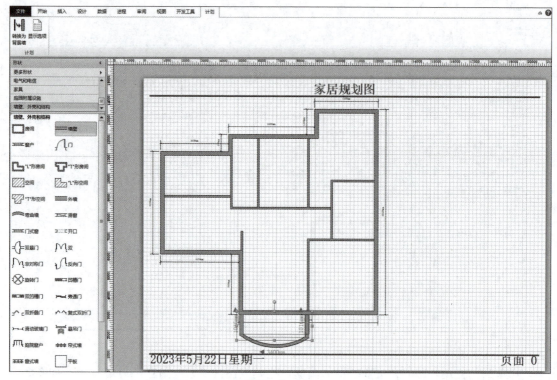

图 3-2-15

步骤 16：将"墙壁、外壳和结构"中的"门""非对称门""窗户"拖到绘图区域，放到外墙上，调整方向、大小及位置，如图 3-2-16 所示。

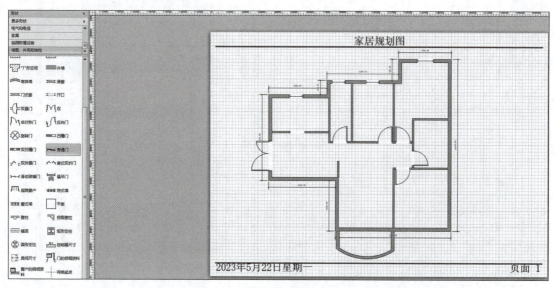

图 3-2-16

步骤17：将"墙壁、外壳和结构"中的"开口""滑动玻璃门"拖到绘图区域，放到适当的位置，如图3-2-17所示。

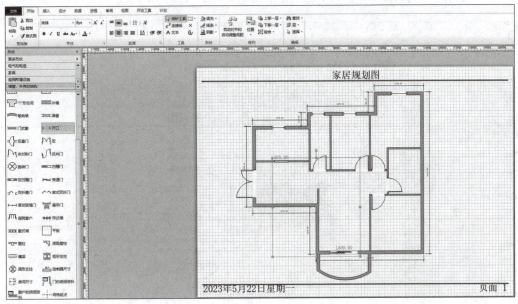

图3-2-17

步骤18：利用"开始"菜单中"工具"组中的"矩形"绘制一个矩形，填充色为"浅蓝"，右击，选择"置于底层"→"置于底层"，如图3-2-18所示。

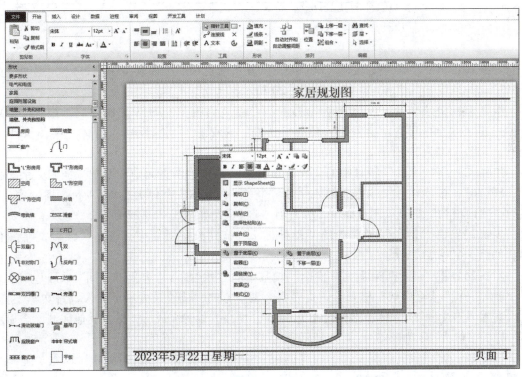

图3-2-18

步骤19：再次利用"开始"菜单中"工具"组中的"矩形"绘制矩形，填充选项："颜色"为"白色，深色5%"；"图案"为"05"；"图案颜色"为"强调文字颜色3，淡色40%"，"透明度"为"25%"，并下移一层，如图3-2-19所示。

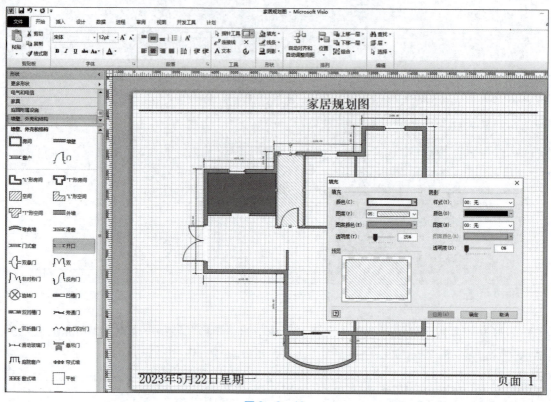

图 3-2-19

步骤20：重复步骤18，绘制"矩形"，设置填充选项，"背景，深色5%"，透明度为"25%"，并且设置其他房间，如图3-2-20所示。

步骤21：将"家电"模具中的"洗碗机""壁式烤箱""炉灶""微波炉"拖到绘图页面，并进行适当的调整。然后插入横排文本框，输入文本"厨房"，楷体，字体大小为30 pt，如图3-2-21所示。

步骤22：将"家具"模具中的"长方形餐桌"拖到绘图页面中，填充"强调文字颜色1，淡色40"。插入横排文本框，输入文本"餐桌"，宋体，字体大小为24 pt。将"家具"中的"室内植物"拖到绘图页面中，填充为"红色"，如图3-2-22所示。

步骤23：将"柜子"模具中的"落地橱2"拖到绘图页面中，填充"强调文字颜色5"，如图3-2-23所示。

步骤24：将"卫生间和厨房平面图"模具中的"水池1""方角淋浴间""带基座水池2""抽水马桶""毛巾架"拖到绘图页面中，调整方向、位置及大小。插入垂直文本工具，输入文本"卫生间"，宋体，字体大小为24 pt，加粗。设置完成后，单击其他区域，会显示不一样的字体大小，如图3-2-24所示。

步骤25：将"家具"模具中的"可调床"拖到绘图页面中，进行旋转，填充"强调文字颜色1，淡色60%"，如图3-2-25所示。

项目三　地图和平面布置图

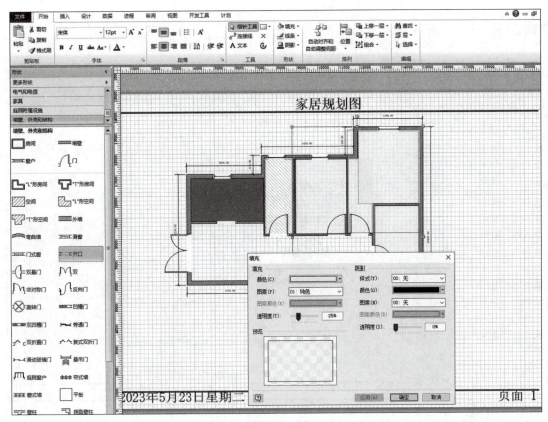

图 3-2-20

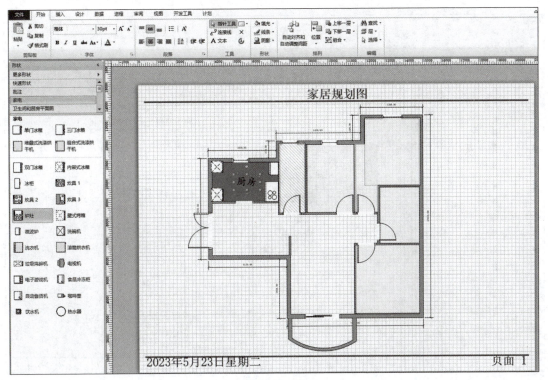

图 3-2-21

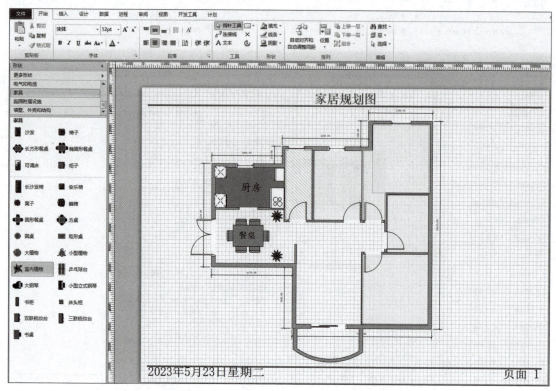

图 3-2-22

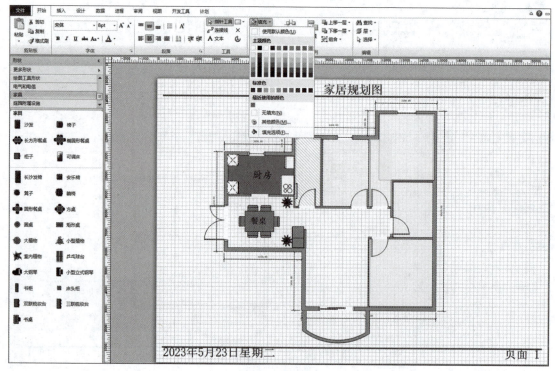

图 3-2-23

项目三 地图和平面布置图

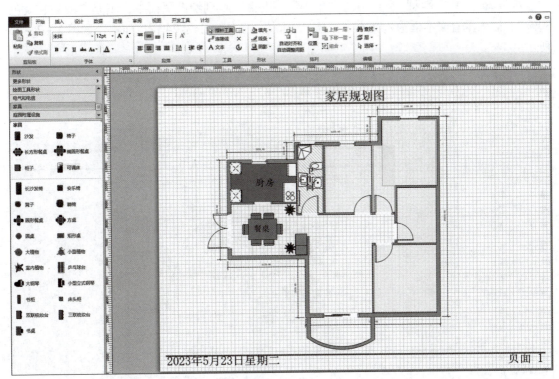

图 3-2-24

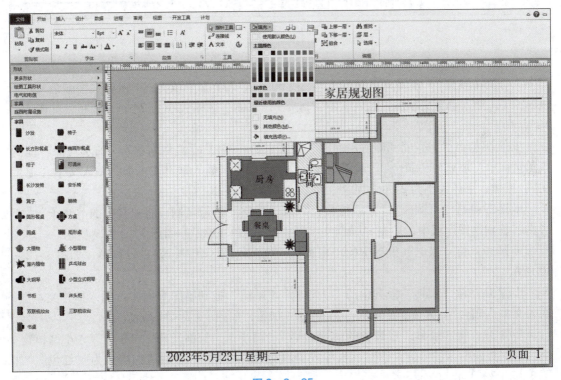

图 3-2-25

步骤26：将"家具"模具中的"书柜""书桌"拖到绘图页面中，填充"线条、淡色80%"。插入垂直文本框输入文本"卧室"，宋体，字体大小为24 pt，加粗，如图3-2-26所示。

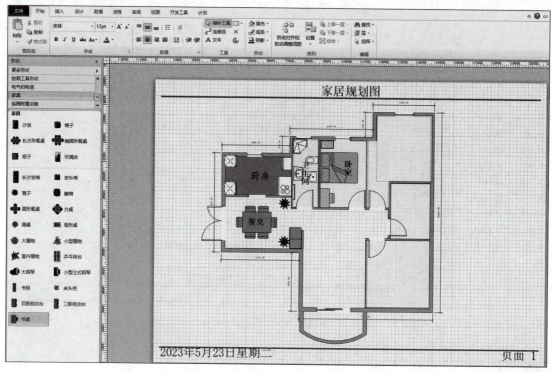

图3-2-26

步骤27："家具"模具中的"床头柜""三联梳妆台""柜子""可调床"拖到绘图页面中，可调床填充："强调文字颜色1，淡色60%"，3个柜子填充："强调文字颜色4，淡色80%"。插入垂直文本框，输入文本"卧室"，宋体，字体大小为24 pt，加粗，如图3-2-27所示。

步骤28：将"卫生间和厨房平面图"模具中的"浴缸1""双水盆""抽水马桶"拖到绘图页面中，填充为"黄色"。调整方向、位置及大小。插入垂直文本框，输入文本"卫生间"，宋体，字体大小为24 pt，加粗，如图3-2-28所示。

步骤29：对"可调床""三联梳妆台"及"卧室"进行复制。将家具中的"凳子""矩形桌"拖到绘图区域中，填充"强调文字颜色5，淡色40%"，如图3-2-29所示。

步骤30：将"家电"模具中的"电视机"拖到绘图区域中，并进行调整，如图3-2-30所示。

步骤31：将"家具"模具中的"大植物""躺椅"拖到绘图页面中，插入横排文本框，输入文本"阳台"，宋体，字体大小为24 pt，加粗，如图3-2-31所示。

步骤32：将"家具"模具中的"矩形桌""椅子""长沙发椅""柜子""小型植物"拖到绘图页面中，进行位置调整，长沙发椅填充为"紫色"，小型植物填充为"红色"，如图3-2-32所示。

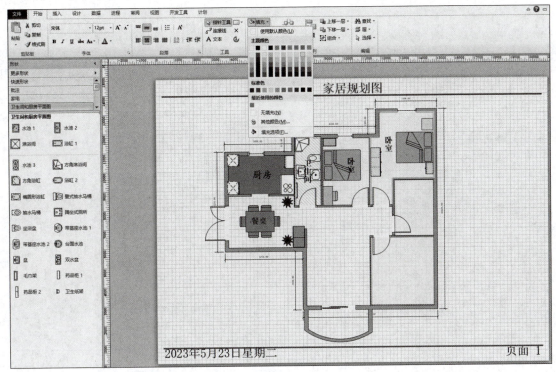

图 3-2-27

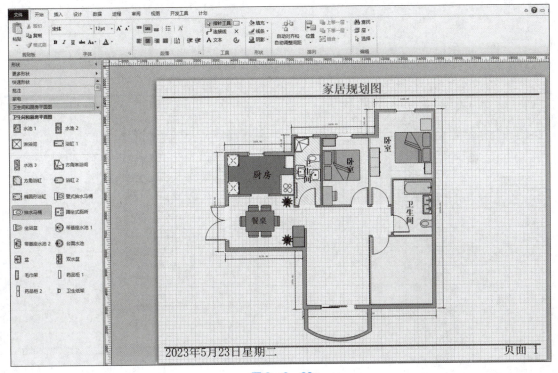

图 3-2-28

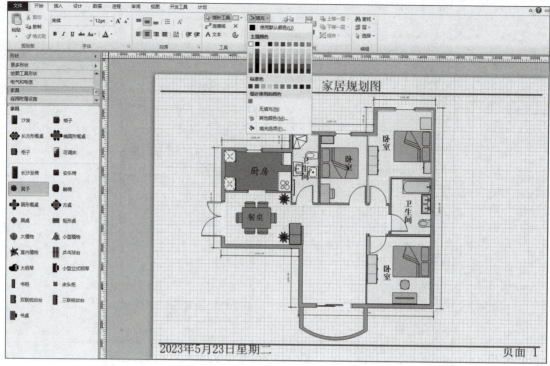

图 3-2-29

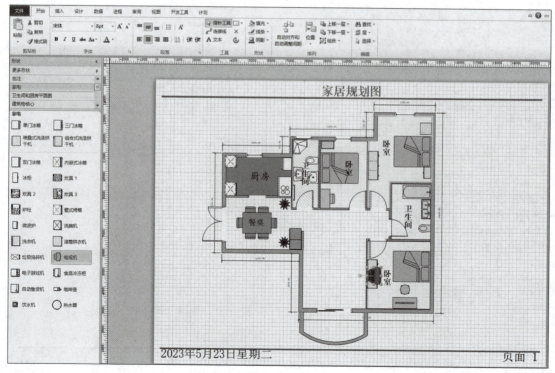

图 3-2-30

项目三　地图和平面布置图

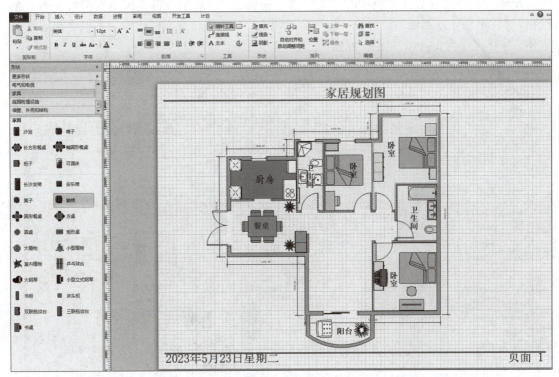

图3-2-31

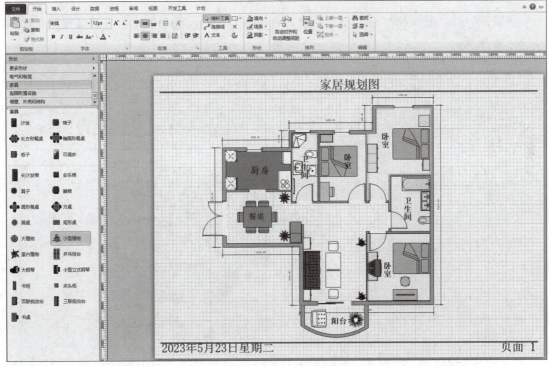

图3-2-32

步骤33：将"家具"模具中的"矩形桌"拖到绘图页面中，将"家电"模具中的"电视机""饮水机"拖到绘图页面中，进行位置调整。插入横排文本框，输入文本"起居室"，宋体，字体大小为24 pt，加粗，如图3-2-33所示。

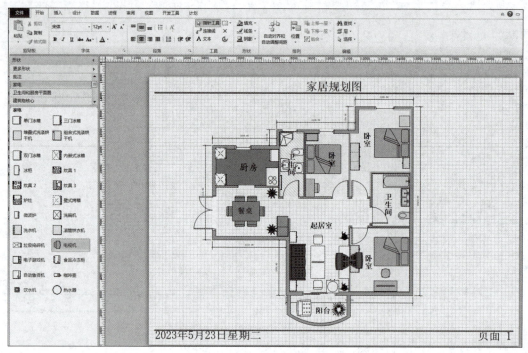

图3-2-33

步骤34：将"建筑物核心"模具中的"直楼梯"拖到绘图页面中，并调整形状，如图3-2-34所示。

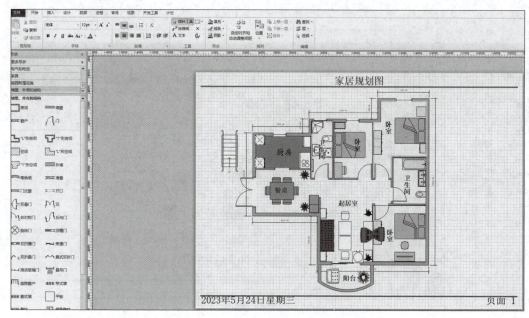

图3-2-34

单元三　空间规划

空间规划用于记录人员、办公室和设备的位置。使用的比例为 1∶96（美国单位）或 1∶100（公制单位）。

案例　绘制公司平面图

利用"地图和平面布置图"→"空间规划"模板绘制公司平面图，如图 3-3-1 所示。

空间规划

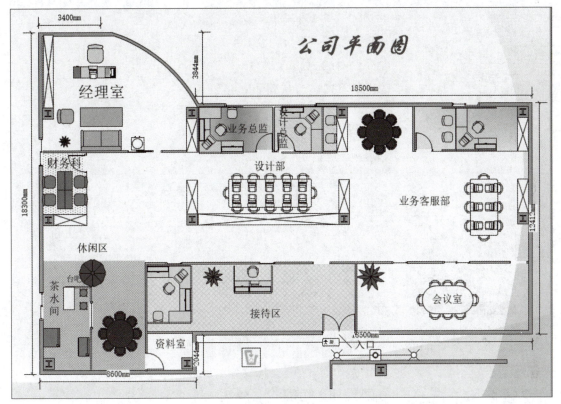

图 3-3-1

步骤 1：打开 Visio 软件。

步骤 2：单击"文件"菜单，再选择模板类别"地图和平面布置图"，如图 3-3-2 所示。

步骤 3：在"地图和平面布置图"界面选择"空间规划"，双击，或者单击右侧"创建"按钮打开，如图 3-3-3 所示。

步骤 4：进入设计页面。弹出"空间规划启动向导"对话框，单击"×"按钮将其关闭，如图 3-3-4 所示。

步骤 5：单击"设计"选项卡中"页面设置"组的"对话框启动器"按钮，在弹出的对话框中，页面尺寸设置"预定义的大小"为"A3：420 mm×297 mm"，页面方向为"横向"，如图 3-3-5 所示。

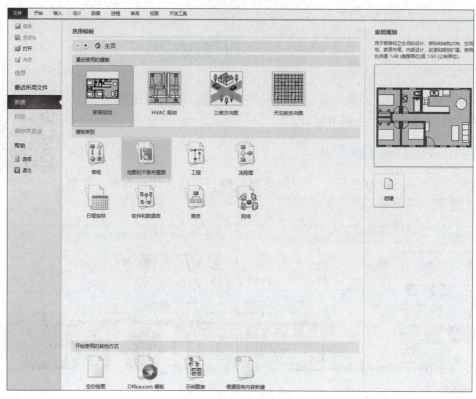

图 3-3-2

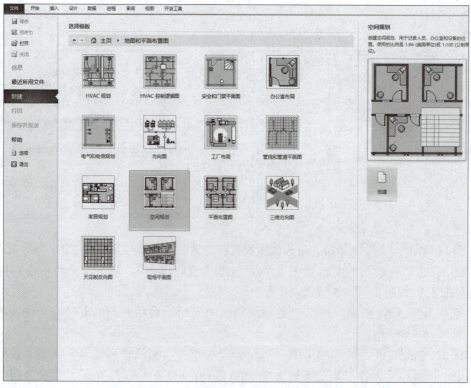

图 3-3-3

项目三　地图和平面布置图

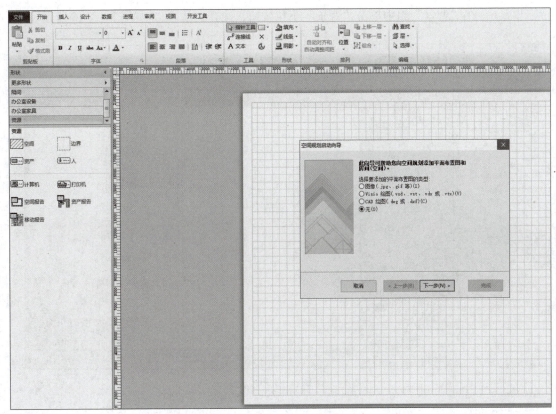

图3-3-4

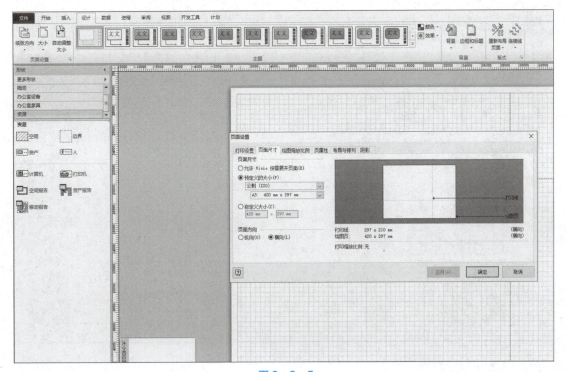

图3-3-5

步骤6：在"背景"组中单击"背景"下拉按钮，选择"技术"，如图3-3-6所示。

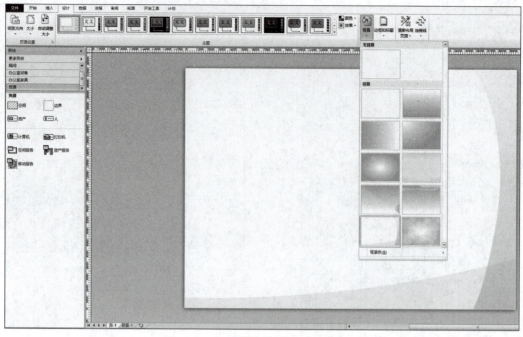

图3-3-6

步骤7：将"资源"模具中的"空间"拖到绘图区域，设置宽度为8 600 mm，高度为18 300 mm，如图3-3-7所示。

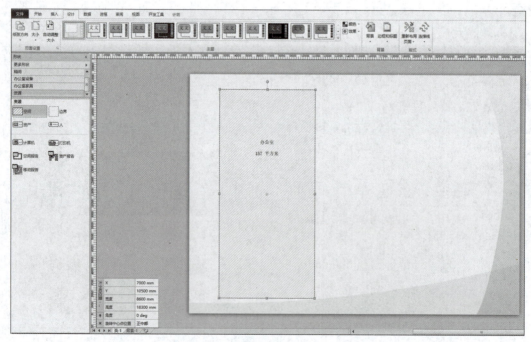

图3-3-7

步骤8：绘制另一个空间。将"资源"模具中的"空间"拖到绘图区域，设置宽度为 18 500 mm，高度为 12 412 mm，如图3-3-8所示。

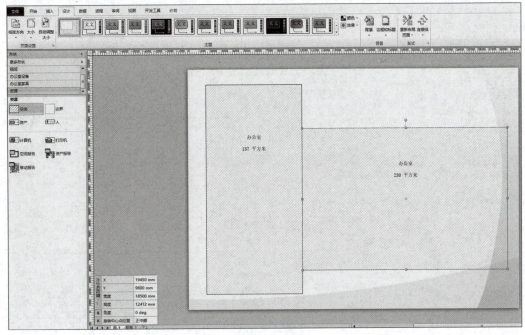

图3-3-8

步骤9：选中两个"空间"进行"联合"，右击，选择"转换为墙壁"。在弹出的对话框中，"墙壁形状"选择"外墙"，勾选"添加尺寸"，单击"确定"按钮，如图3-3-9所示。

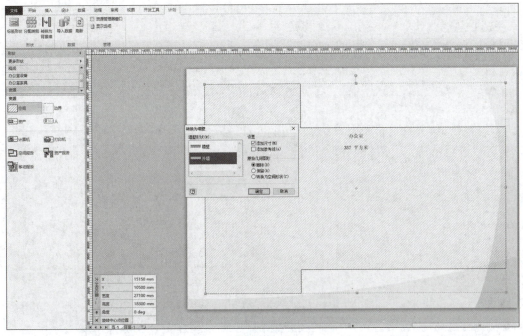

图3-3-9

步骤10：单击"更多形状"下拉按钮，选择"地图和平面布置图"→"建筑设计图"→"墙壁、外壳和结构"进行添加，如图3-3-10所示。

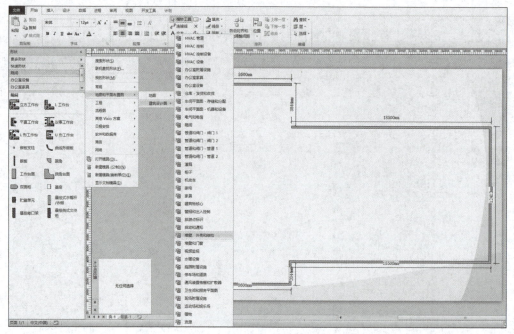

图3-3-10

步骤11：删除一条"外墙"，把"墙壁、外壳和结构"模具中的"弯曲墙"拖到绘图页面中，适当调整形状和位置。同时拖出一条参考线，把"墙壁、外壳和结构"的"矩形支柱"拖到页面中，如图3-3-11所示。

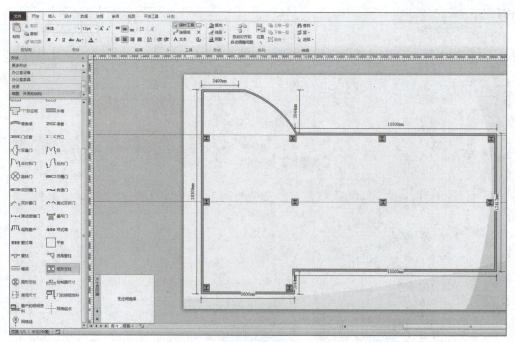

图3-3-11

步骤12：把"墙壁、外壳和结构"模具中的"外墙"拖到绘图页面中，适当调整形状和位置。再次绘制一个"外墙"。把"墙壁、外壳和结构"的"矩形支柱"拖到页面中，放到合适位置，如图3-3-12所示。

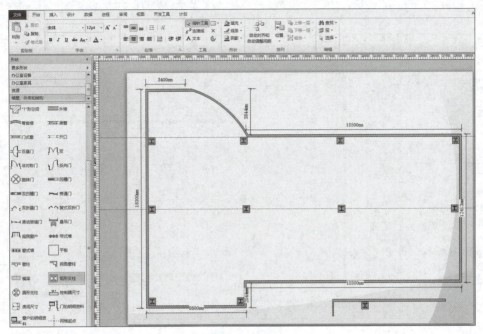

图3-3-12

步骤13：单击"更多形状"下拉按钮，选择"地图和平面布置图"→"建筑设计图"→"现场附属设施"进行添加，如图3-3-13所示。

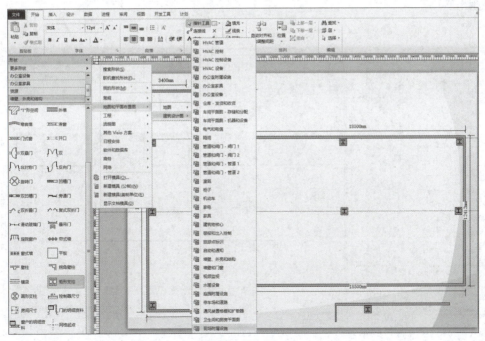

图3-3-13

步骤14：把"现场附属设施"模具中的"安全亭"拖到绘图页面中，并进行位置调整。同时，用同样的方法依次添加安全亭，并放到合适的位置，如图3-3-14所示。

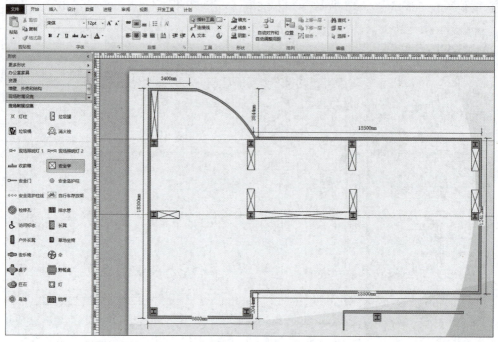

图3-3-14

步骤15：把"墙壁、外壳和结构"模具中的"墙壁"拖到绘图区域，并附在外墙上。用相同的方法依次添加"墙壁"，适当调整形状和位置，如图3-3-15所示。

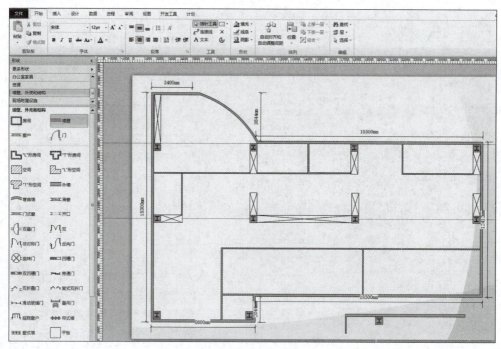

图3-3-15

步骤16：把"墙壁、外壳和结构"模具中的"门""双""滑窗""开口""窗户""滑动玻璃门"拖到绘图区域的墙壁上，并调整大小、方向及位置，如图3-3-16所示。

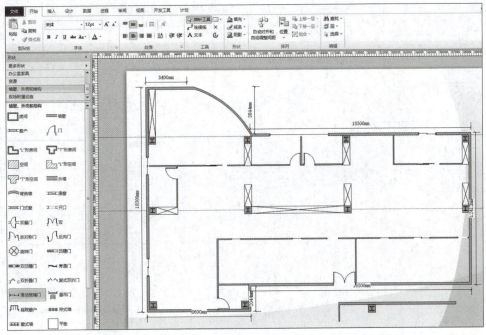

图3-3-16

步骤17：单击"矩形"工具，绘制矩形，设置填充颜色为"黄色"，图案为"17"，图案颜色为"强调文字颜色1，淡色60%"，线条为"无线条"，并置于底层，如图3-3-17所示。

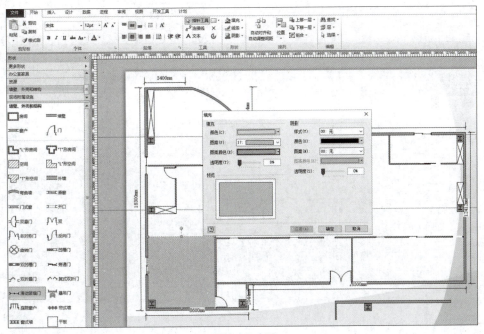

图3-3-17

步骤18：绘制第二个"矩形"，设置填充颜色为"强调文字颜色5，淡色60%"，图案为"04"，图案颜色为"填充，淡色80%"，并置于底层，如图3-3-18所示。

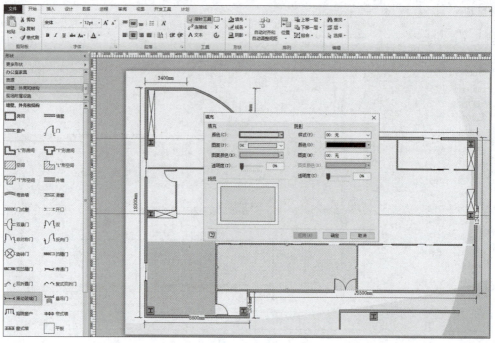

图3-3-18

步骤19：绘制第三个"矩形"，设置填充颜色为"白色"，图案为"12"，图案颜色为"填充，深色25%"，并置于底层，如图3-3-19所示。

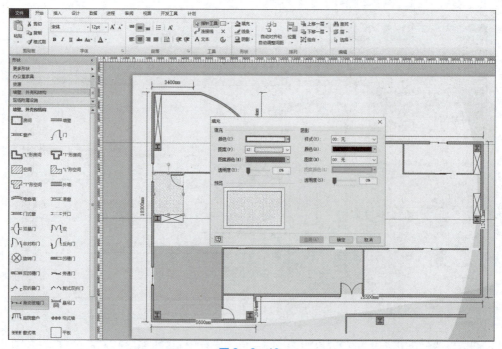

图3-3-19

步骤20：绘制第四个"矩形"，设置填充颜色为"强调文字颜色4，淡色80%"，图案为"26"，图案颜色为"填充，线条，淡色60%"，并置于底层，如图3-3-20所示。

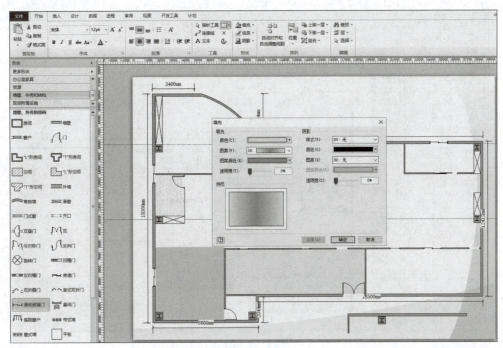

图3-3-20

步骤21：绘制第五个"矩形"，设置填充颜色为"强调文字颜色4，淡色80%"，图案为"05"，"图案颜色"为"填充，白色，深色5%"，并置于底层，如图3-3-21所示。

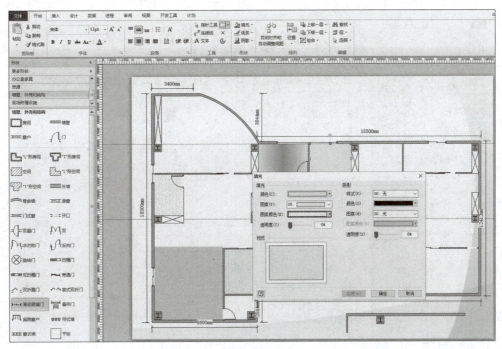

图3-3-21

步骤22：绘制第六个"矩形"，设置填充颜色为"填充，淡色80%"，图案为"37"，图案颜色为"填充，淡色40%"，并置于底层，如图3-3-22所示。

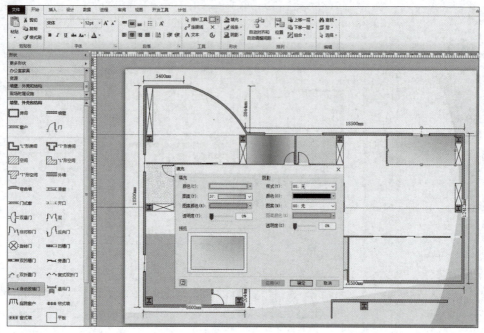

图3-3-22

步骤23：把"办公室家具"中的"工作台面""椅子""文件"拖到绘图区域，调整形状大小及方向，颜色填充为"黄色"。把"办公室设备"中的"电话"和"PC"拖到"工作台面"上，如图3-3-23所示。

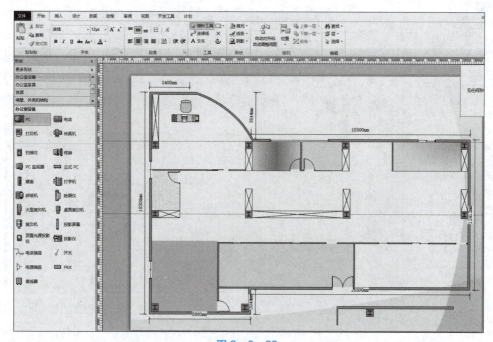

图3-3-23

步骤24：把"办公室家具"中的"桌子""椅子""带两个座位的沙发"拖到绘图区域，调整形状大小及方向，颜色填充为"橙色"，如图3-3-24所示。

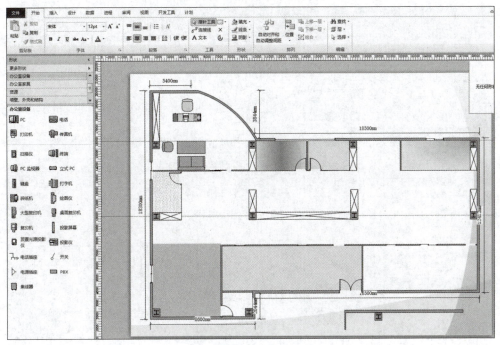

图3-3-24

步骤25：单击"更多形状"下拉按钮，选择"地图和平面布置图"→"建筑设计图"→"家电"进行添加，如图3-3-25所示。

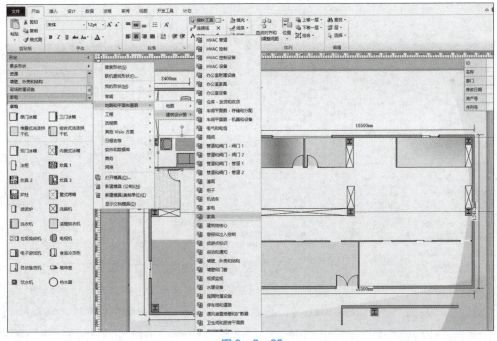

图3-3-25

步骤26:把"家电"模具中的"饮水机"拖到绘图页面中,进行大小和位置调整及摆放,如图3-3-26所示。

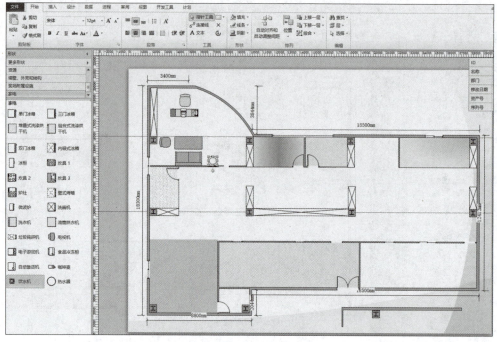

图3-3-26

步骤27:单击"更多形状"下拉按钮,选择"地图和平面布置图"→"建筑设计图"→"家具"进行添加,如图3-3-27所示。

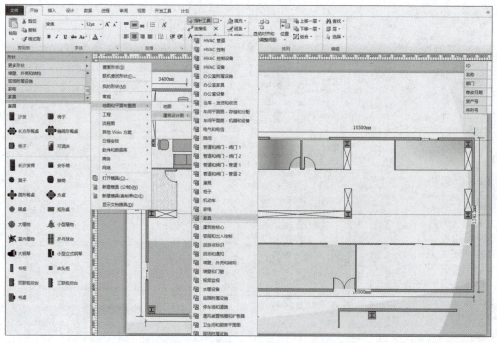

图3-3-27

步骤28：把"家具"模具中的"室内植物"拖到绘图区域，颜色填充的"红色"。用文本工具输入"经理室"，宋体，字号为24 pt，如图3-3-28所示。

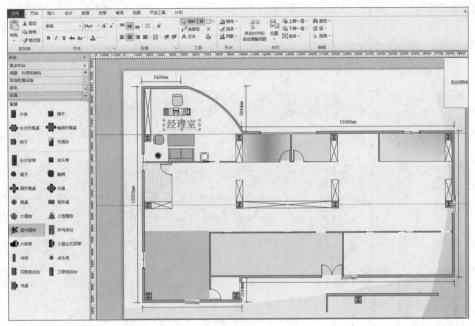

图3-3-28

步骤29：把"办公室家具"模具中的"桌子"拖到绘图区域，绘制3个形状，同另一个形状进行组合，填充为"绿色"。再把"椅子"拖到绘图区域，调整形状及位置，填充为"浅蓝"、用文本工具输入"财务科"，宋体，字号为24 pt，如图3-3-29所示。

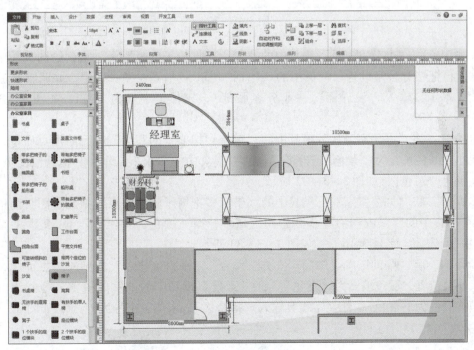

图3-3-29

步骤30：将"隔间"模具中的"立方工作台"拖到绘图区域，颜色填充为"黄色"，并利用文本工具输入"业务总监"，如图3-3-30所示。把"议事工作台"拖到绘图区域中，设置相同颜色"黄色"，宋体，字号为16 pt。

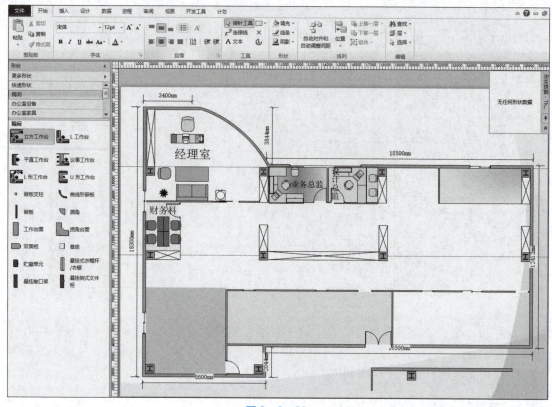

图3-3-30

步骤31：将"办公室家具"模具中的"带有多把椅子的矩形桌"拖到绘图页面中，调整形状。再把"办公室设备"模具中的"电话""PC"拖到绘图页面中，并调整合适的大小。用文本工具输入"设计部""业务客服部"，宋体，字号为16 pt，如图3-3-31所示。

步骤32：将"办公室家具"模具中的"带有多把椅子的圆桌"拖到绘图页面中，调整形状大小。颜色填充为"紫色"。再将"隔间"模具中的"议事工作台"拖到绘图页面中，填充颜色为"黄色"，如图3-3-32所示。

步骤33：将"办公室家具"模具中的"带有多把椅子的椭圆桌"拖到绘图页面中。将"家具"模具中的"室内植物"拖到绘图区域中，填充颜色为"红色"。用文本工具输入"会议室"，宋体，字号为16 pt，如图3-3-33所示。

步骤34：将"隔间"模具中的"立方工作台""平直工作台"拖到绘图页面中，调整形状大小及位置，颜色填充为"黄色"。将"家具"模具中的"室内植物"拖到绘图区域中，填充颜色为"红色"。用文本工具输入"接待区"，宋体，字号为16 pt，如图3-3-34所示。

项目三 地图和平面布置图

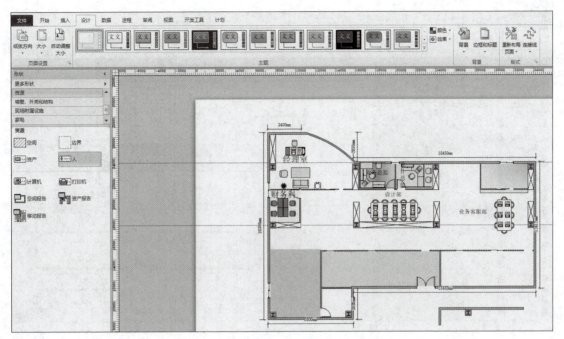

图 3-3-31

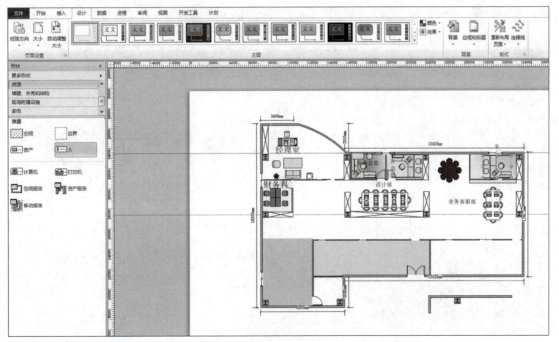

图 3-3-32

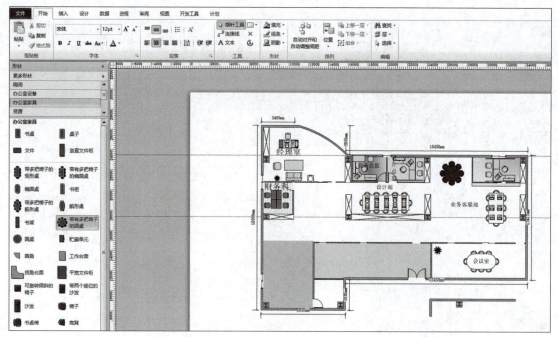

图3-3-33

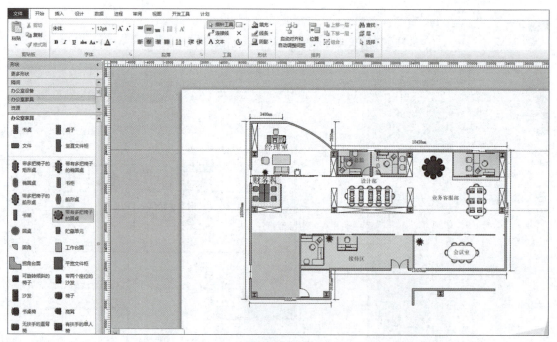

图3-3-34

步骤35：将"隔间"模具中的"嵌板"拖到绘图页面中。将"墙壁、外壳和结构"中的"窗户"拖到绘图页面中，调整形状大小和位置。将"办公室家具"模具中的"带有多把椅子的圆桌"拖到绘图页面中，调整形状大小，颜色填充为"紫色"、用文本工具输入"休闲区"，宋体，字号为16 pt，如图3-3-35所示。

项目三 地图和平面布置图

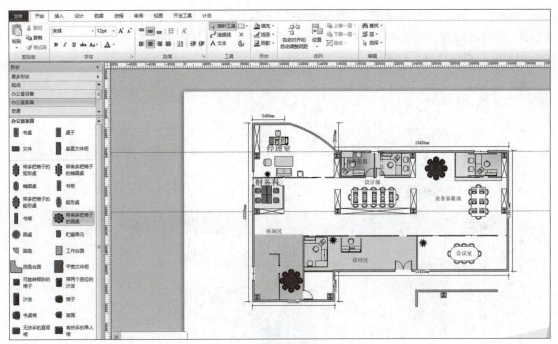

图3-3-35

步骤36：将"家电"模具中的"食品冷冻柜""自动售货区"拖到绘图区域中，颜色填充为"浅蓝"。用文本工具输入"茶水间"。将"隔间"模具中的"工作台面"拖到绘图区域中。将"办公室家具"中的"凳子"拖到绘图页面中，调整合适的位置及大小，如图3-3-36所示。

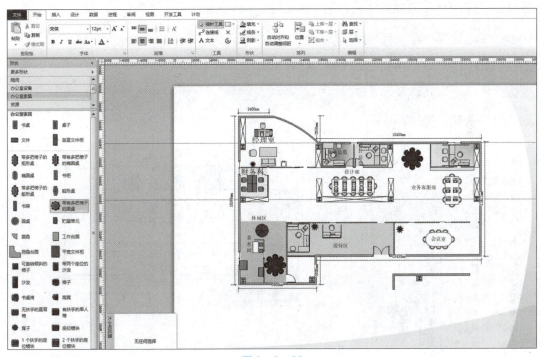

图3-3-36

步骤37：选中"工作台面"，对其添加"文本标注"，并输入"台吧"，宋体，字号为12 pt。将"现场附属设施"中的"伞"拖到绘图页面中，颜色填充为"深红"，并输入"资料室"，如图3-3-37所示。

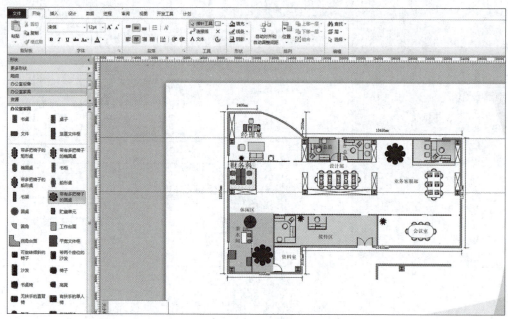

图3-3-37

步骤38：将"现场附属设施"模具中的"垃圾桶""现场照明灯2"拖到绘图页面中。将"资源"模具中的"人"拖到绘图页面中。用"折线图"工具绘制一条直线，指向"门"，并利用文本工具输入"入口"，如图3-3-38所示。

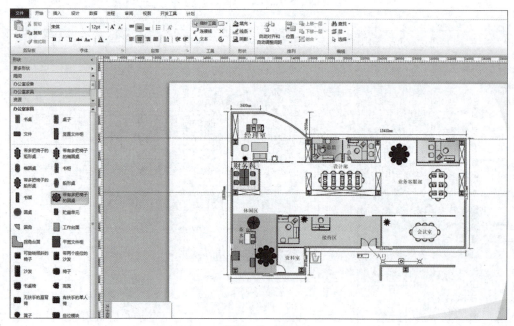

图3-3-38

步骤39：插入横排文本框，输入文本"公司平面图"，并进行格式设置，如图3－3－39所示。

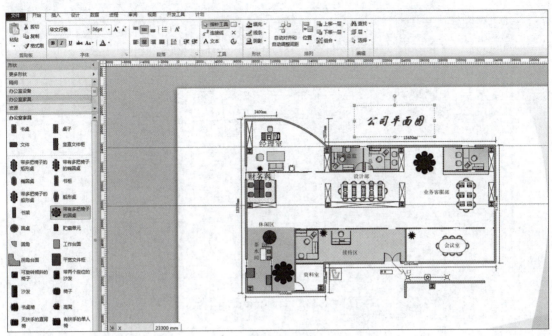

图3－3－39

单元四 平面布置图

平面布置图用于商业建筑的设计、空间规划、架构布局、结构文档、结构图和设施规划，使用的比例是1∶48（美国单位）或1∶50（公制单位）。

案例　绘制超市平面布置图

利用"地图和平面布置图"→"平面布置图"模板绘制超市平面布置图，如图3－4－1所示。

平面布置图

步骤1：打开Visio软件。

步骤2：单击"文件"菜单，选择"新建"里面的模板类别"地图和平面布置图"，如图3－4－2所示。

步骤3：在"地图和平面布置图"界面选择"平面布置图"，双击，或者单击右侧"创建"按钮打开，如图3－4－3所示。

步骤4：进入"平面布置图"的设计绘图界面，如图3－4－4所示。

步骤5：单击"设计"选项卡"页面设置"组的"对话框启动器"按钮，在打开的对话框中，页面尺寸设置为预定义的大小"A3:420 mm×297 mm"，页面方向设置为横向，单击"应用"和"确定"按钮，如图3－4－5所示。

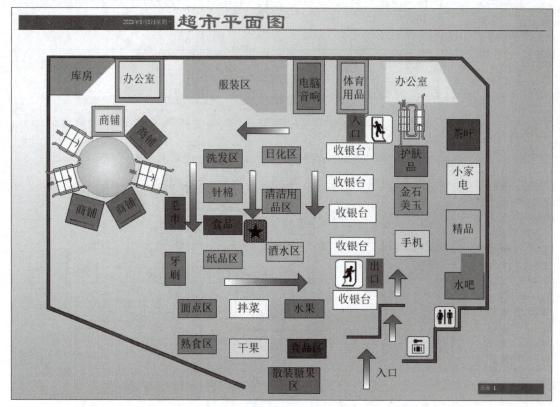

图3-4-1

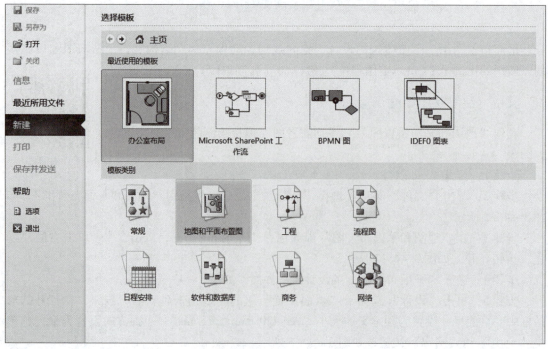

图3-4-2

项目三　地图和平面布置图

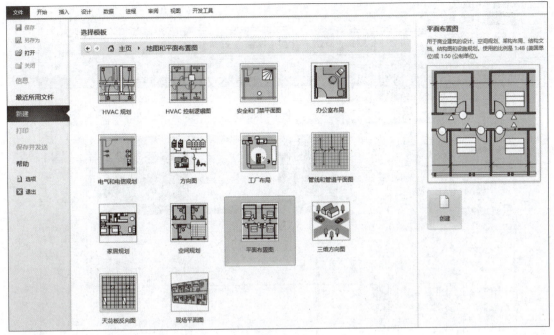

图 3-4-3

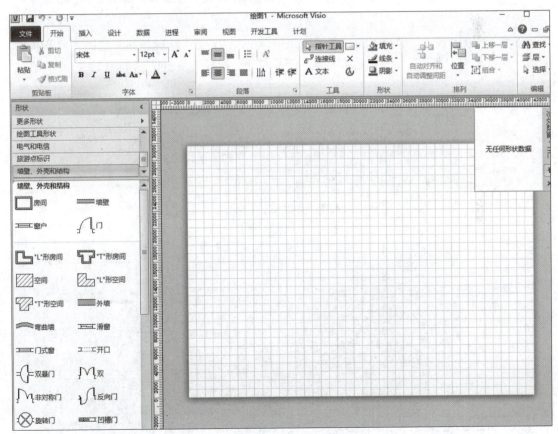

图 3-4-4

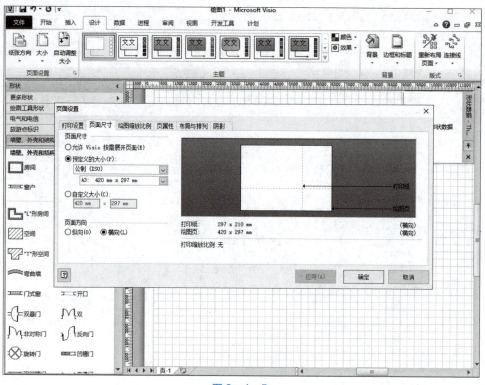

图 3-4-5

步骤6：在"设计"菜单下的"背景"组中，单击"背景"下拉按钮，选择"角部渐变"背景。再次单击"背景"组"边框和标题"下拉按钮，选择"简朴型"，如图3-4-6所示。

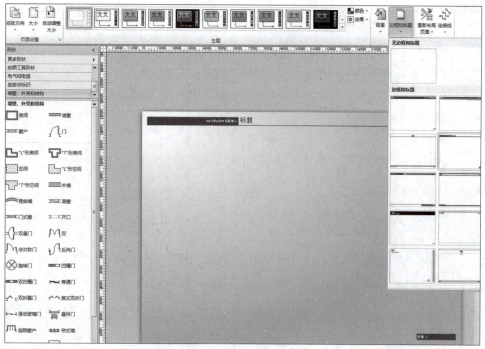

图 3-4-6

步骤7：在绘图页面中选择"背景-1"，输入文字内容"超市平面图"，如图3-4-7所示。单击"开始"菜单的"字体"组中调整字体样式为"隶书"，字号为"48 pt"，并切换到"页-1"中。

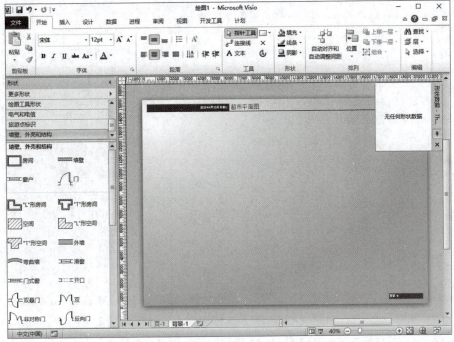

图3-4-7

步骤8：在左侧单元窗格中，找到"墙壁"，拖曳到绘图区。调整长度为16 000 mm，角度为0°，如图3-4-8所示。

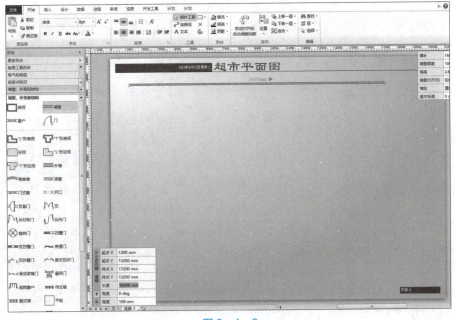

图3-4-8

步骤9：再次找到"墙壁"，拖曳到绘图区。设置长度为1 383 mm，角度为-45°，如图3-4-9所示。

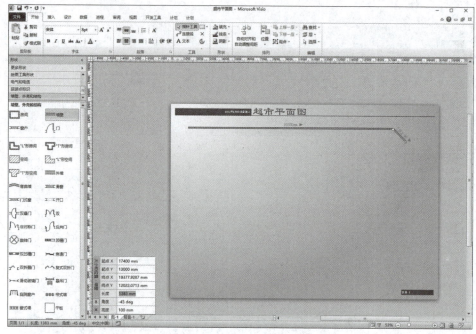

图3-4-9

步骤10：用同样方法绘制其他墙壁，长度、角度根据个人需求进行绘制，并进行组合，如图3-4-10所示。

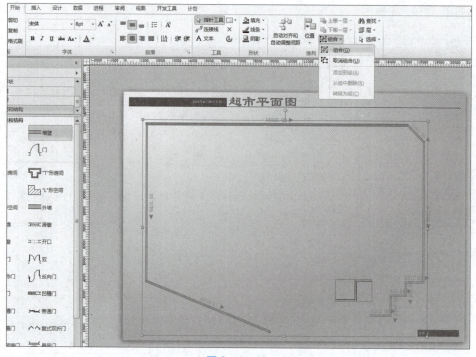

图3-4-10

步骤 11：在"形状"选项卡中单击"填充"下拉按钮，设置颜色为蓝色，如图 3-4-11 所示。

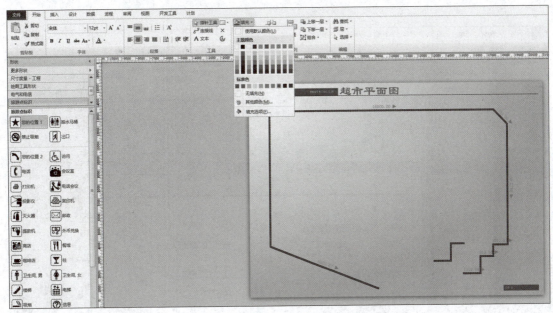

图 3-4-11

步骤 12：添加基本形状，单击"更多"→"常规"→"基本形状"，如图 3-4-12 所示。

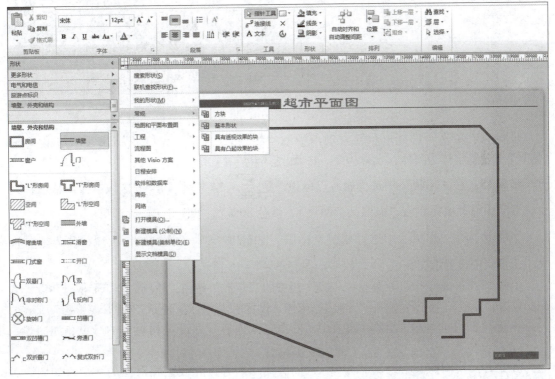

图 3-4-12

步骤 13：在左侧基本形状中，把"45 度单向箭头"拖到绘图区域中，并填充颜色。单击"形状"→"填充"→"填充"选项，颜色：红色，图案：27，图案颜色：白色，单击"应用"和"确定"按钮，如图 3-4-13 所示。

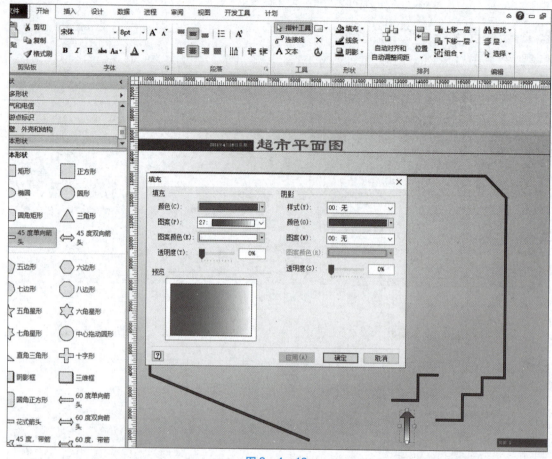

图 3-4-13

步骤 14：单击"选择形状"选项卡中的"线条"，选择"无线条"，添加文本内容为"入口"，设置字体为宋体，字号为 24 pt，如图 3-4-14 所示。

步骤 15：在"形状"中选择旅游点标识，把 [行李寄放柜] 拖到绘图区域，并调整形状大小，形状中设置填充颜色"强调文字颜色1，淡色80%"，如图 3-4-15 所示。

步骤 16：在"形状"中选择旅游点标识，把 [抽水马桶] 拖到绘图区域，并调整形状大小，形状中设置填充颜色为"黄色"，如图 3-4-16 所示。

步骤 17：单击"开始"菜单"工具"组中的"矩形"按钮，绘制 2 个矩形框，并设置填充颜色为"蓝色"。双击，输入"水吧"，宋体，设置字体大小为 24 pt，如图 3-4-17 所示。

步骤 18：用同样方法绘制"矩形"，依次输入内容，并设置相对应的颜色，如图 3-4-18 所示。

步骤 19：用同样方法绘制"矩形"，依次输入内容，并设置相对应的颜色，如图 3-4-19 所示。

项目三 地图和平面布置图

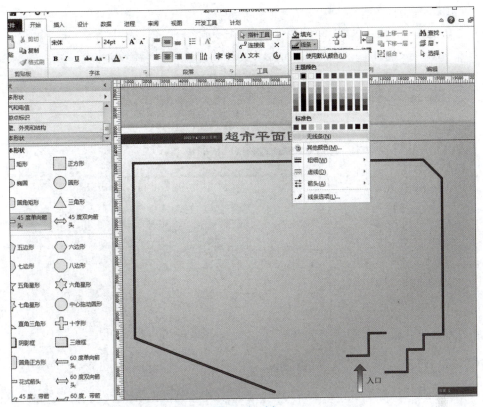

图 3-4-14

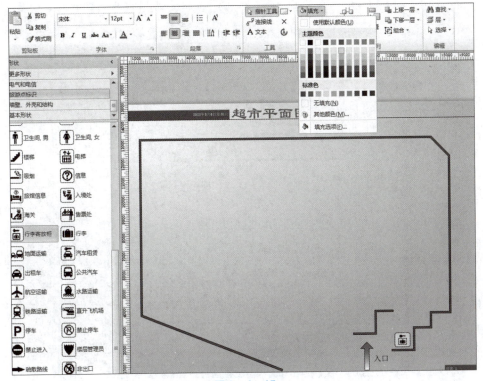

图 3-4-15

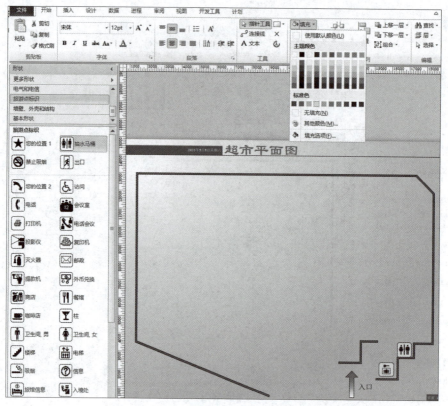

图3-4-16

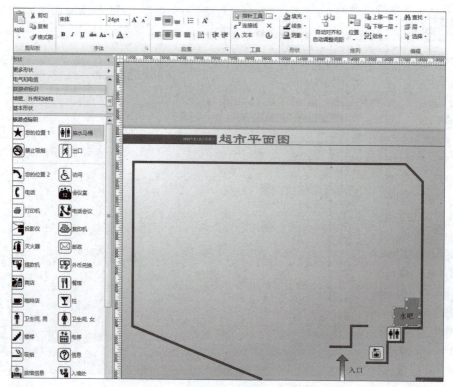

图3-4-17

项目三　地图和平面布置图

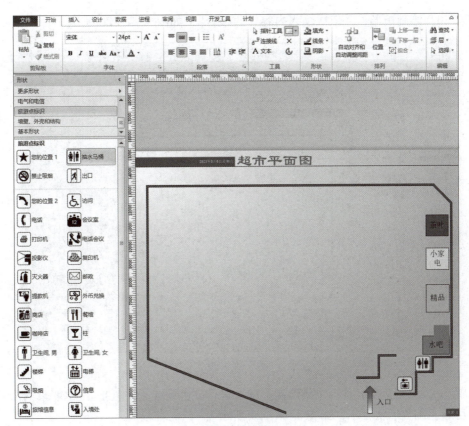

图 3-4-18

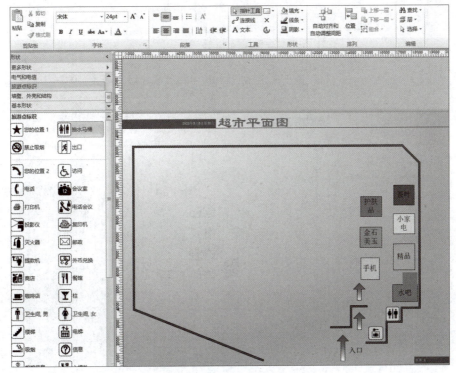

图 3-4-19

步骤20：绘制矩形，并依次输入内容"收银台"，如图3-4-20所示。

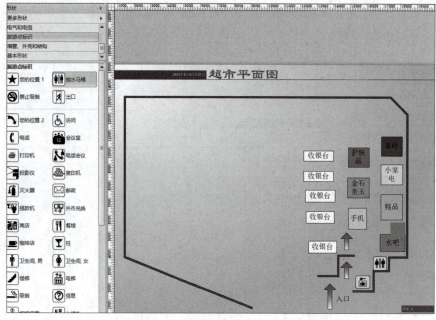

图3-4-20

步骤21：再次用"矩形"进行绘制，依次进行颜色设置，并且把"45度单向箭头"拖到绘图区域，调整形状大小，如图3-4-21所示。

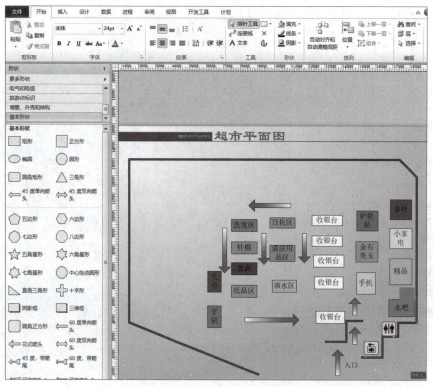

图3-4-21

步骤22：利用"矩形工具"完成其他区域，并进行颜色填充，如图3-4-22所示。

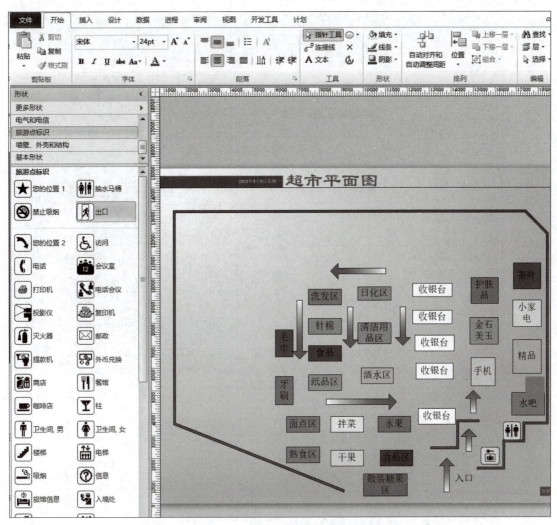

图3-4-22

步骤23：把左侧"旅游点标识"中的"出口"拖到绘图区域，调整形状大小，并利用文本工具输入为"出口"，宋体，文字大小为24 pt，在形状中对其进行填充，颜色为"红色"，如图3-4-23所示。

步骤24：单击"开始"菜单"工具"组中的"椭圆"按钮，绘制形状并调整大小。单击"形状"组中的"填充"下拉按钮，弹出对话框。选择填充选项，颜色："白色，深度50%"，图案：40，图案颜色："白色，深度5%"，透明度：75%，单击"应用"和"确定"按钮，如图3-4-24所示。设置，线条颜色："白色，深度35%"。

步骤25：将"墙壁、外壳和结构"中的"房间"拖到绘制区域，调整形状大小，利用文本工具输入"商铺"，宋体，字号大小为24 pt，填充颜色为黄色，并对商铺进行复制，依次设置颜色。把"建筑物核心"中的"直楼梯"拖到绘图区域，进行调整形状，进行复制，如图3-4-25所示。

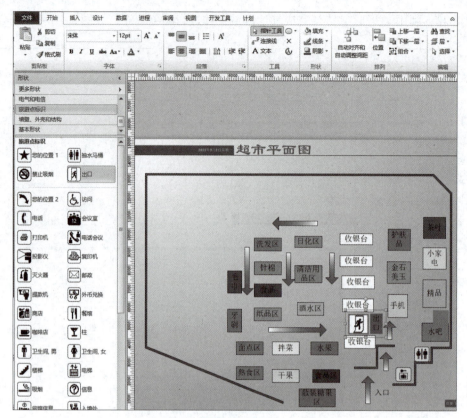

图 3-4-23

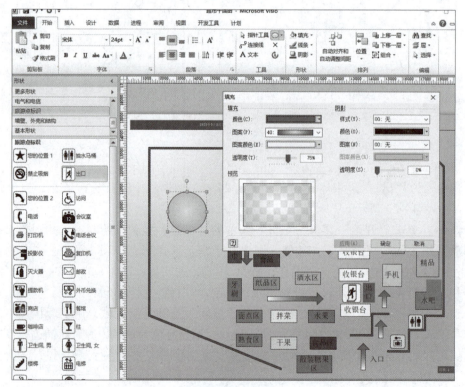

图 3-4-24

项目三　地图和平面布置图

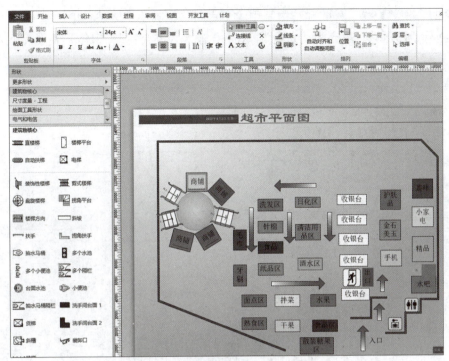

图 3-4-25

步骤26：将左侧"基本形状"窗格中的"矩形"拖到绘图区域，设置填充颜色为"白色，深色35%"。在左侧"基本形状"中，把"直角三角形"拖到绘图区域，设置填充颜色为"白色，深色5%"，线条为"无线条"，并调整形状。输入文本内容"库房"。进行组合，如图 3-4-26 所示。

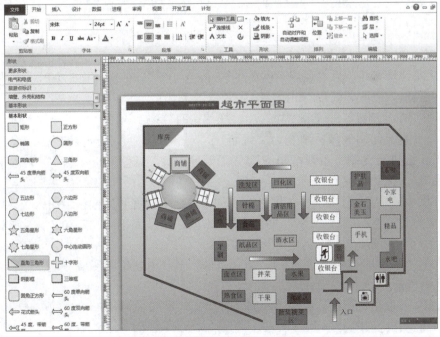

图 3-4-26

步骤27：把"墙壁、外壳和结构"中的"房间"拖到绘图区域，把"基本形状"中的"矩形"拖到绘图区域，填充为"黄色"。双击，输入"办公室"，宋体，字号大小为 24 pt，如图 3－4－27 所示。

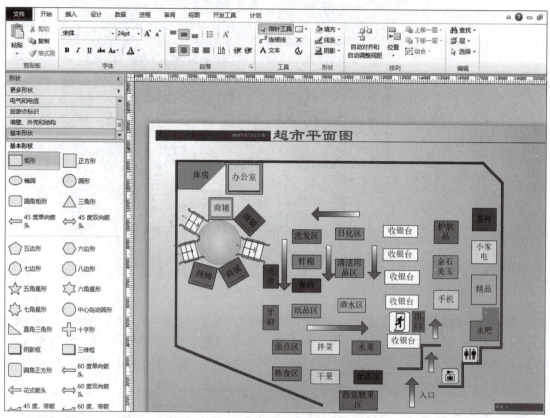

图 3－4－27

步骤28：在"基本形状"中，把"矩形"（2个）和"直角三角形"拖到绘图区域，调整形状大小，填充颜色为"强调颜色文字3，淡色40%"。依次选择3个形状，进行组合，利用文本工具输入"服装区"，如图 3－4－28 所示。

步骤29：在"墙壁、外壳和结构"中，把"房间"拖到绘图区域，把"基本形状"中的"矩形"也拖到绘图区域，填充为"绿色"。双击并输入"电脑音响"，选中"电脑音响"，按 Ctrl 键进行复制，矩形框填充为"强调颜色5，淡色40%"，利用文本工具输入"体育用品"，如图 3－4－29 所示。

步骤30：在"基本形状"中，将"矩形"和"直角三角形"拖到绘图区域，调整形状大小，填充为"黄色"，输入文字"办公室"，宋体，字号大小为"24 pt"，对形状进行组合，如图 3－4－30 所示。

步骤31：将"建筑物核心"中的"剪式楼梯"形状拖到绘图区域，调整形状大小，如图 3－4－31 所示。

步骤32：复制出口形状，单击"排列"→"位置"→"方向形状"→"旋转形状"→"水平翻转"，并进行组合，如图 3－4－32 所示。

项目三　地图和平面布置图

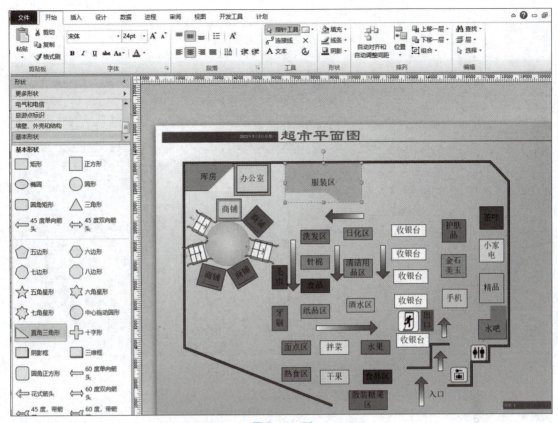

图 3-4-28

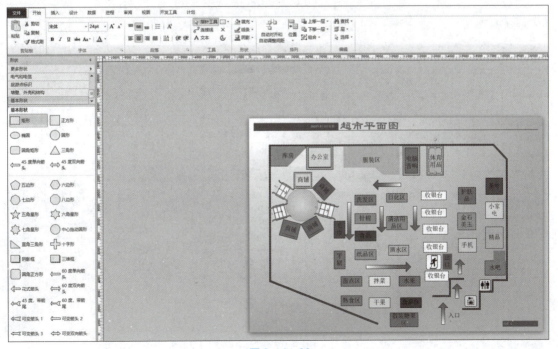

图 3-4-29

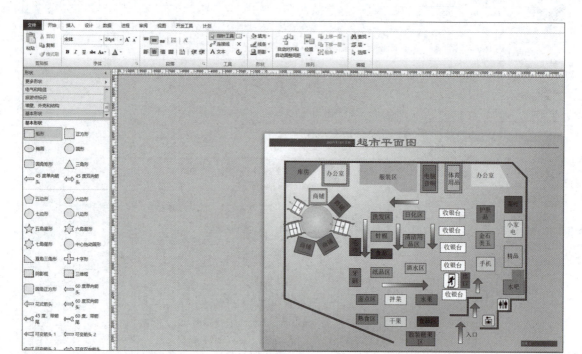

图 3-4-30

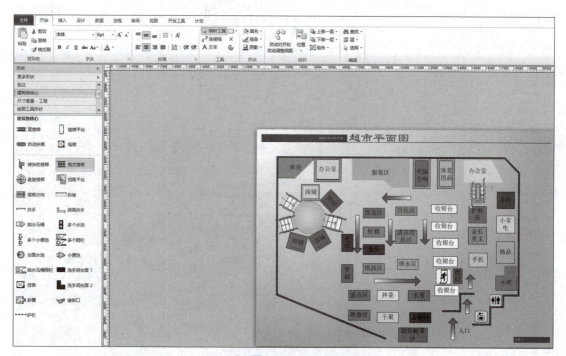

图 3-4-31

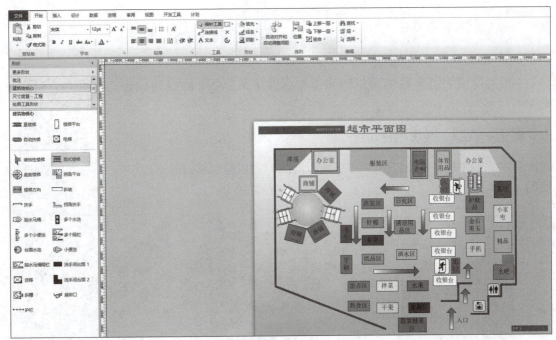

图3-4-32

步骤33：将"旅游点标识"中"您的位置1"拖到绘图页面中，单击"形状"组中的"填充"下拉按钮，选择"填充"选项，弹出对话框。设置颜色：红色，图案：12，图案颜色：白色，单击"应用"和"确定"按钮。至此，超市平面图完成，如图3-4-33所示。

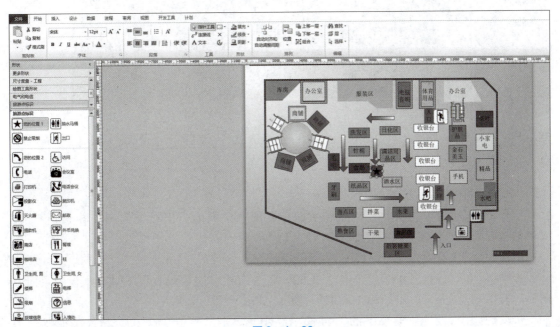

图3-4-33

单元五　三维方向图

三维方向图包括运输图形，例如道路、机动车、交叉路口和标志建筑物。

案例　绘制小区规划建筑图

利用"地图和平面布置图"→"三维方向图"模板绘制小区规划建筑图，如图3-5-1所示。

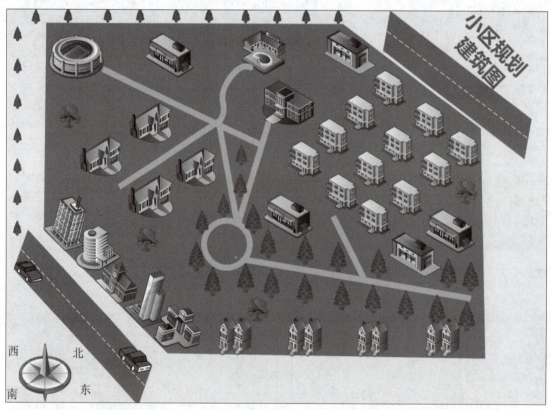

图3-5-1

步骤1：打开Visio软件。

步骤2：选择模板类别中"地图和平面布置图"里面的"三维方向图"模板，双击，或者单击右侧的"新建"按钮，如图3-5-2所示。

步骤3：进入设计主页面，如图3-5-3所示。

步骤4：在"设计"菜单中单击"页面设置"，弹出"页面设置"对话框。设置页面方向为"横向"，单击"应用"和"确定"按钮，如图3-5-4所示。

步骤5：在"设计"菜单下的"背景"组中，单击"背景"下拉按钮，添加背景为"实心"，如图3-5-5所示。

项目三 地图和平面布置图

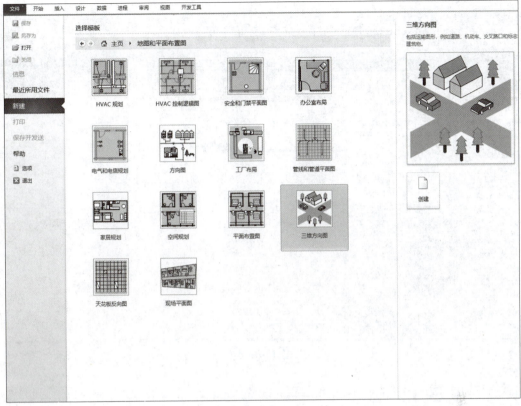

图 3-5-2

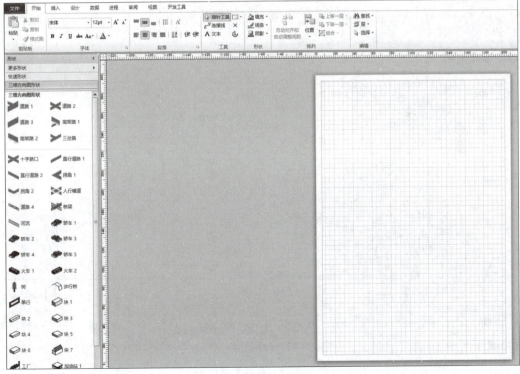

图 3-5-3

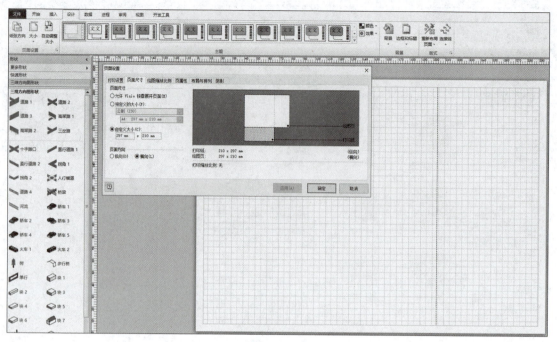

图3-5-4

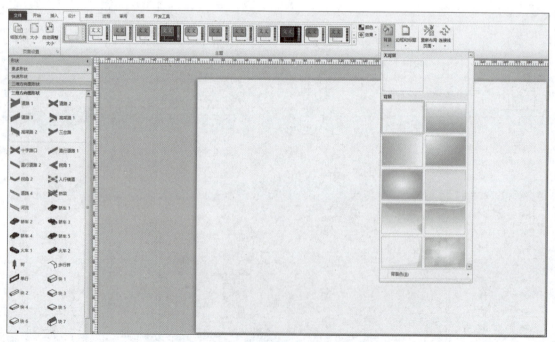

图3-5-5

步骤6：在"设计"菜单下的"背景"组中，单击"背景"下拉按钮，设置背景色为"强调文字颜色2，淡色80%"，如图3-5-6所示。

项目三 地图和平面布置图

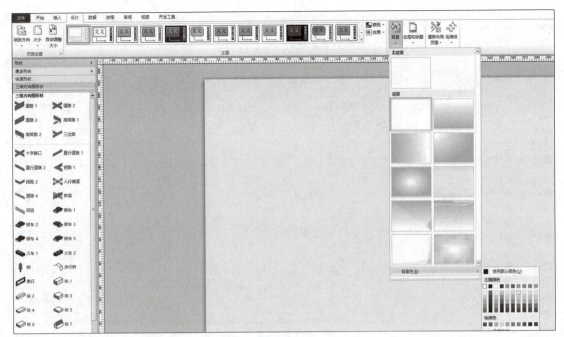

图3-5-6

步骤7：添加"路标形状"，单击"更多形状"右侧的三角按钮，选择"地图和平面布置图"→"地图"→"路标形状"，如图3-5-7所示。

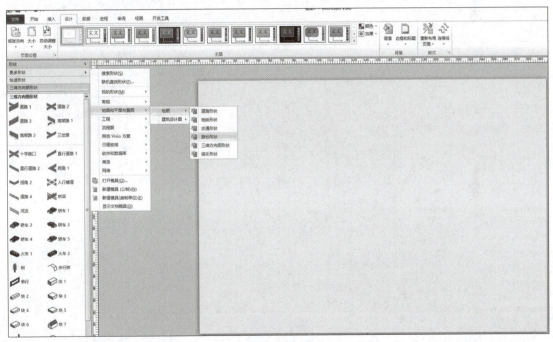

图3-5-7

步骤8：把"路标形状"中的"指北针"拖到绘图区域左下角，调整形状大小。单击"开始"菜单"工具"组中的"文本"按钮，在四周输入"东""南""西""北"，调整字体样式为宋体，大小为18 pt，如图3-5-8所示。

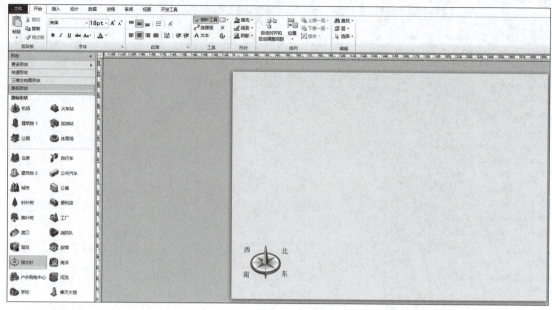

图 3-5-8

步骤9：添加"基本形状"，单击"更多形状"右侧的三角按钮，选择"常规"→"基本形状"，如图 3-5-9 所示。

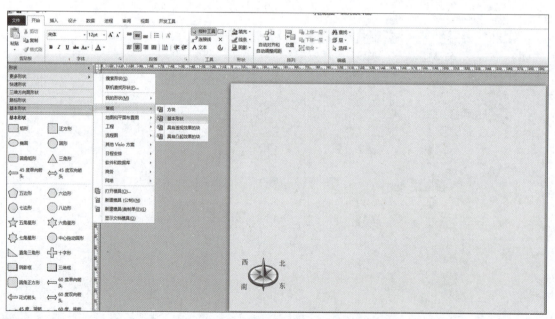

图 3-5-9

步骤10：将"基本形状"中的"六边形"拖到绘图区域，选择"开始"菜单"工具"组中的"铅笔"工具，并适当调整形状大小，如图 3-5-10 所示。

项目三 地图和平面布置图

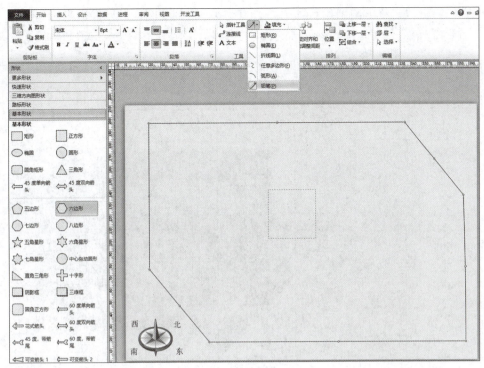

图 3-5-10

步骤11：在"设计"菜单下的"形状"组中，单击"填充"下拉按钮，如图3-5-11所示。设置背景颜色为"强调文字颜色2，深色25%"，线条设置为"无线条"。

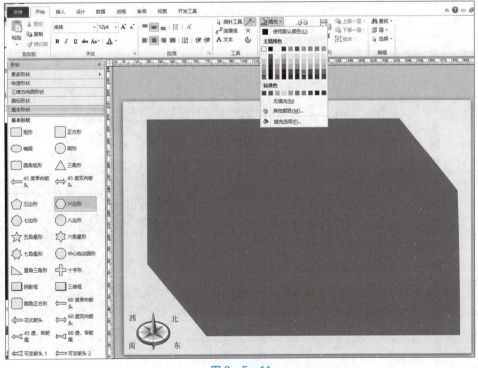

图 3-5-11

步骤12：将"三维方向图形状"中的"道路4"拖到绘图区域，并适当调整形状大小，如图 3－5－12 所示。

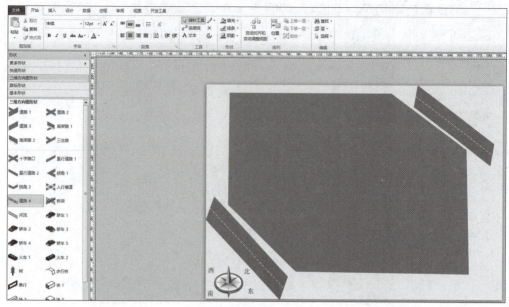

图 3－5－12

步骤13：将"路标形状"中的"针叶树"拖到绘图区域，并适当调整形状大小，如图 3－5－13 所示。

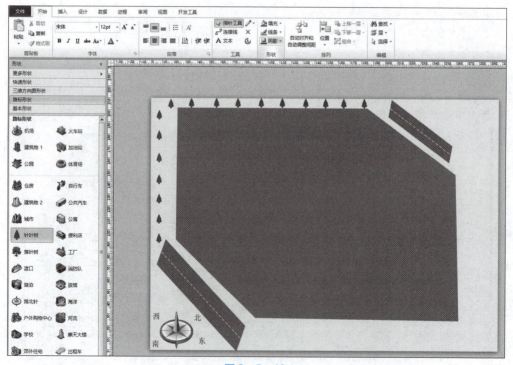

图 3－5－13

步骤14：将"路标形状"中的"体育场""便利店""旅馆""仓房"依次拖入绘图区，并适当调整其大小，如图3－5－14所示。

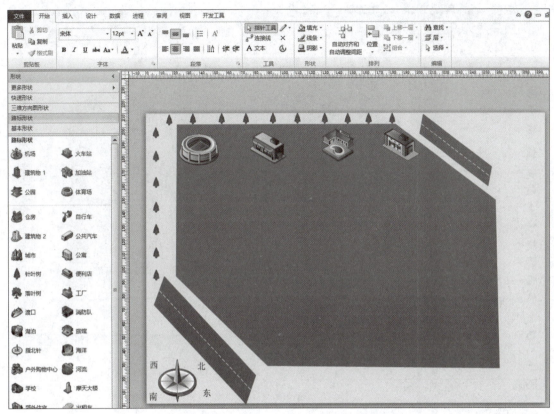

图3－5－14

步骤15：把"路标形状"中的"落叶树"拖到绘图区域，调整其大小，设置其宽度为"12.5 mm"，如图3－5－15所示。

步骤16：把"路标形状"中的"学校""公寓"拖到绘图区域，并复制"公寓"，调整其大小，如图3－5－16所示。

步骤17：把"路标形状"中的"郊外住宅"拖到绘图区域，并复制"郊外住宅"，调整其大小。在"排列"中单击"位置"下拉按钮，在"方向形状"里单击"旋转形状"→"水平翻转"，如图3－5－17所示。

步骤18：把"路标形状"中的"便利店""仓库""落叶树"拖到绘图区域，并且将"落叶树"的宽度设置为"12.5 mm"，适当调整其大小，如图3－5－18所示。

步骤19：把"路标形状"中的"建筑物1""建筑物2""市政厅""摩天大楼""户外购物中心"拖到绘图区域，并适当调整其大小，如图3－5－19所示。

步骤20：把"路标形状"中的"市内住宅"拖到绘图区域，并适当调整其大小，如图3－5－20所示。

步骤21：添加"道路形状"，单击"更多形状"中的三角按钮，选择"地图和平面布置图"→"地图"→"道路形状"，如图3－5－21所示。

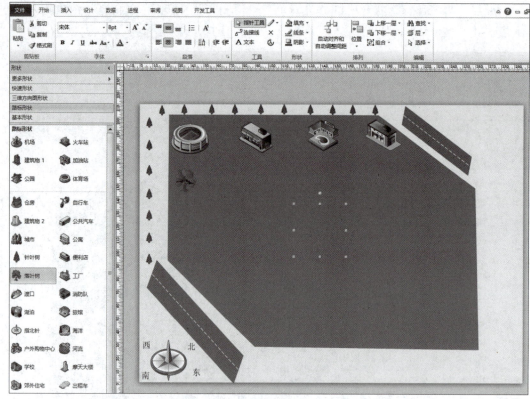

图 3-5-15

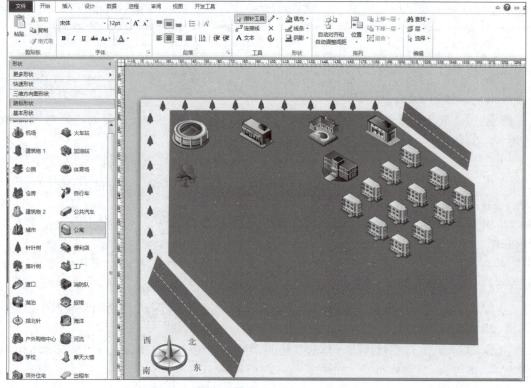

图 3-5-16

项目三　地图和平面布置图

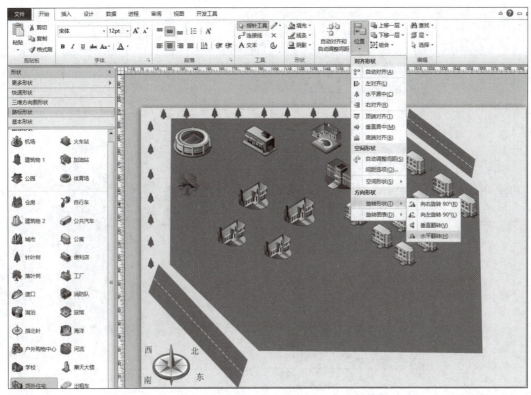

图 3-5-17

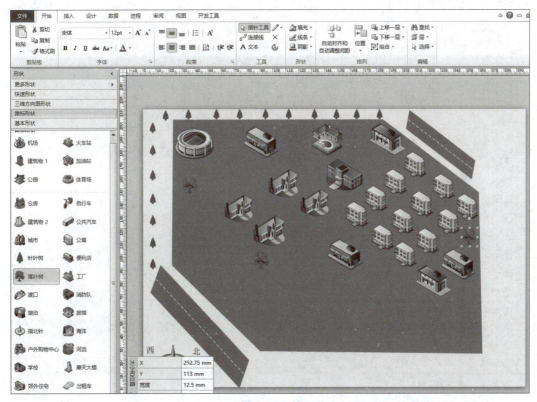

图 3-5-18

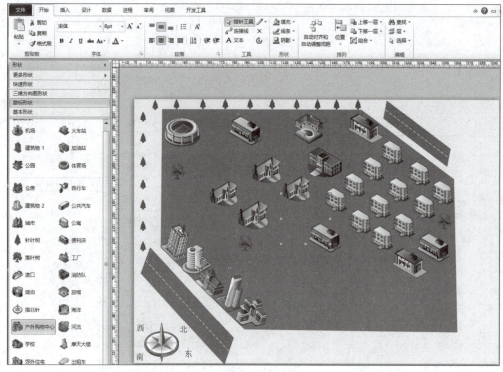

图 3-5-19

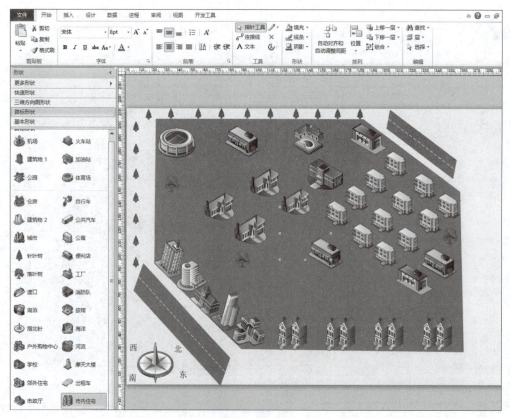

图 3-5-20

项目三　地图和平面布置图

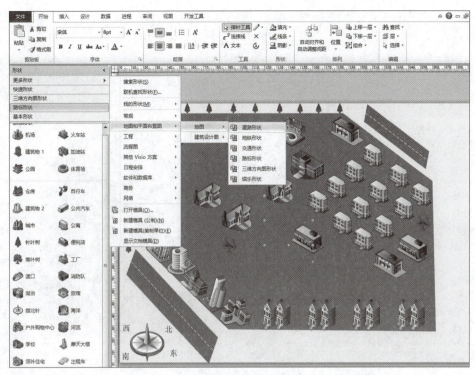

图3-5-21

步骤22：将"道路形状"中的"方端道路""可变道路""环路"拖入绘图区域，绘制道路。在"形状"菜单中选择"线条"颜色为"白色，深色25%"，如图3-5-22所示。

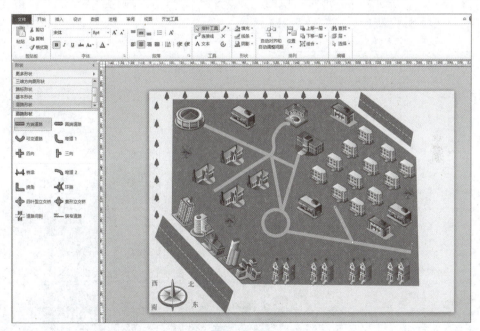

图3-5-22

步骤23：将"路标形状"中的"落叶树""针叶树"拖到绘图区域，"落叶树"宽度设置为"12.5 mm"，对"针叶树"进行复制，并适当调整其大小，如图3-5-23所示。

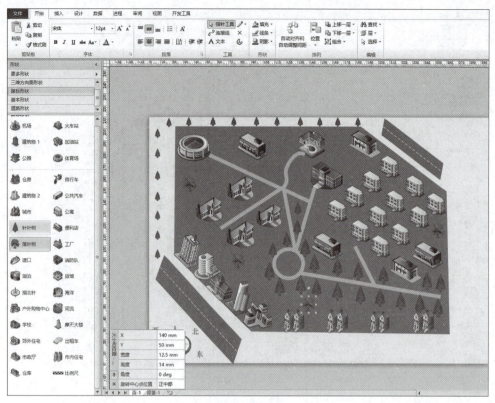

图 3-5-23

步骤24：将"三维方向图形状"中的"轿车2""轿车5"拖到绘图区域，并适当调整其大小，再进行水平翻转，如图 3-5-24 所示。

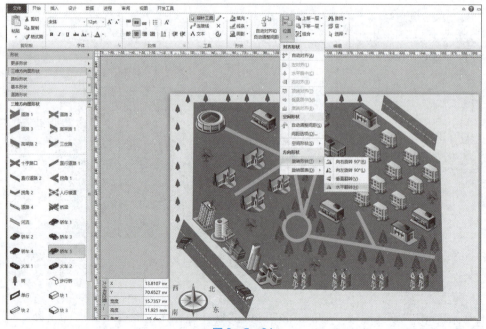

图 3-5-24

110

步骤25：单击"开始"菜单"工具"组中的"文本"按钮，输入"小区规划建筑图"，宋体，设置字体大小为"30 pt"。字体颜色为"强调文字颜色4，深色25%"，字体加粗，线条为"无"。至此三维方向图绘制完成，如图3-5-25所示。

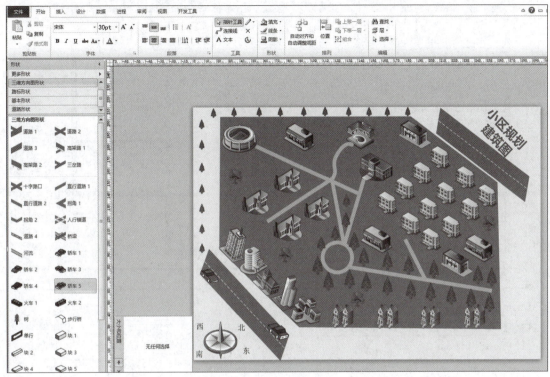

图3-5-25

单元六　天花板反向图

天花板反向图用于商业建筑吊顶板和照明配线板布局，以及HVAC格栅和扩散器布局。使用的比例是1∶48（美国单位）或1∶50（公制单位）。

案例　绘制天花板反向图

利用"地图和平面布置图"→"平面布置图"模板绘制天花板反向图，如图3-6-1所示。

天花板反向图

步骤1：打开Visio软件。

步骤2：单击"文件"菜单，再选择"新建"里面的模板类别"地图和平面布置图"，如图3-6-2所示。

步骤3：在"地图和平面布置图"界面，选择"天花板反向图"，双击，或者单击右侧的"创建"按钮打开，如图3-6-3所示。

Visio 绘图案例教程

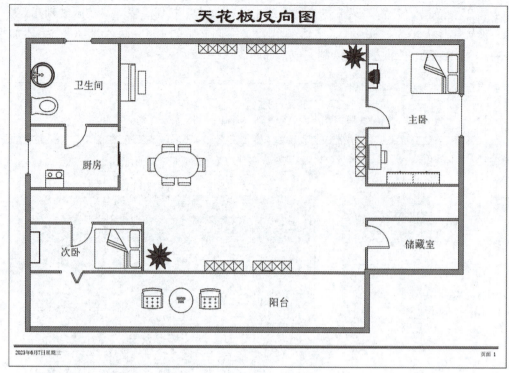

图 3-6-1

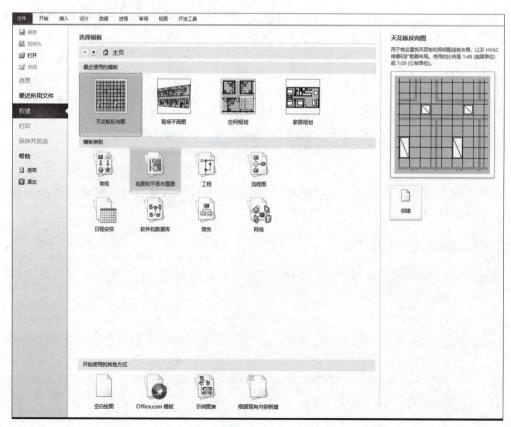

图 3-6-2

项目三 地图和平面布置图

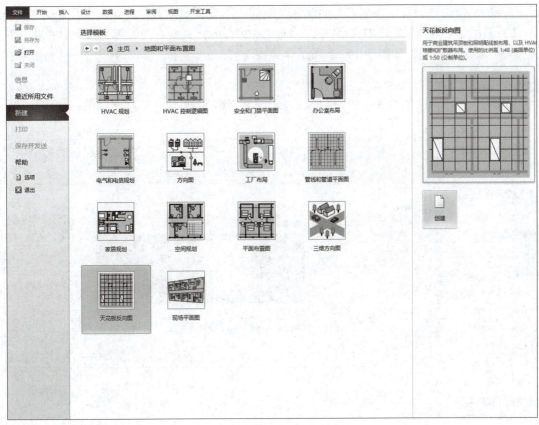

图3-6-3

步骤4：进入"天花板反向图"的设计绘图界面，如图3-6-4所示。

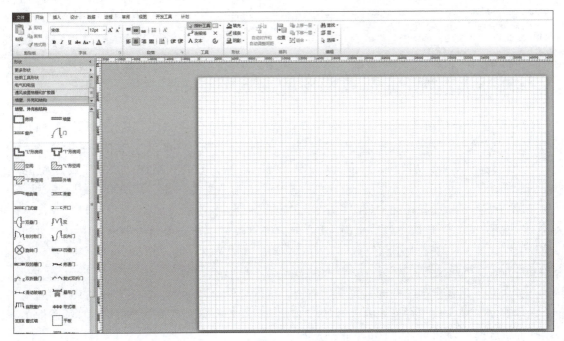

图3-6-4

步骤5：单击"设计"菜单"页面设置"组的"对话框启动器"按钮，在打开的对话框中，"页面尺寸"选择预定义的大小A3：420 mm×297 mm，页面方向设置为横向，单击"应用"和"确定"按钮，如图3-6-5所示。

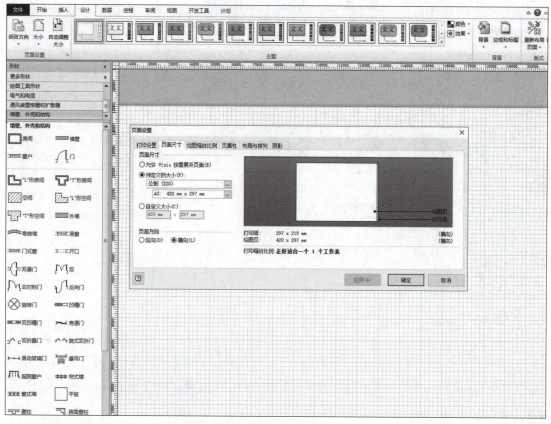

图3-6-5

步骤6：在"设计"菜单下的"背景"组中，单击"背景"下拉按钮，选择"实心"背景。再次单击"背景"组中"边框和标题"下拉按钮，选择"字母"，如图3-6-6所示。

步骤7：在设计绘图页面左下角选择"背景-1"输入文字"天花板反向图"，并单击"开始"菜单的"字体"组中调整字体样式为"隶书"，字号为"48 pt"，如图3-6-7所示。

步骤8：在左下角切换到"页面-1"中，将"墙壁、外壳和结构"模具中的"空间"拖到绘图区域，并在"大小和位置"对话框中调整其"宽度"为"17 000 mm"，"高度"为"12 000 mm"，面积达到"150平方米"，如图3-6-8所示。

步骤9：在左下角切换到"页面-1"中，将"墙壁、外壳和结构"模具中把"空间"拖到绘图区域，并在"大小和位置"对话框中调整其"宽度"为"6 200 mm"，"高度"为"9 600 mm"，面积达到"60平方米"，如图3-6-9所示。

步骤10：选择全部"空间"形状，右击，执行"联合"命令，如图3-6-10所示。

步骤11：单击菜单栏里面的"开始"→"计划"→"转换为墙壁"，在弹出的对话框中，墙壁形状选择"外墙"，如图3-6-11所示。

项目三 地图和平面布置图

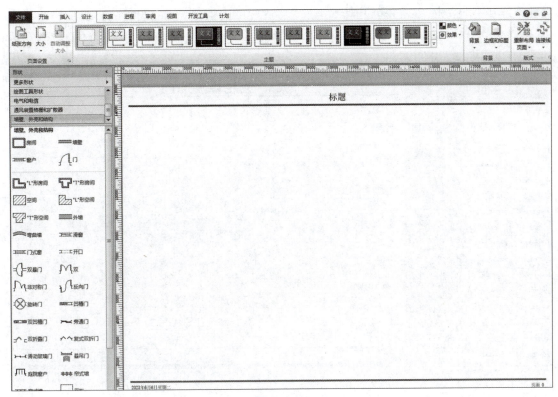

图 3-6-6

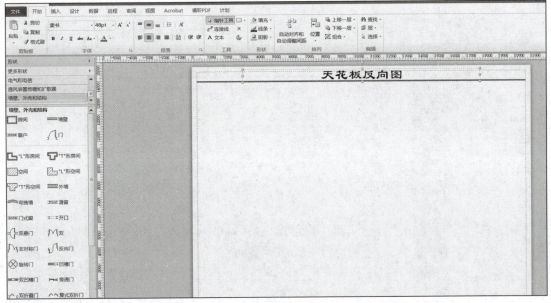

图 3-6-7

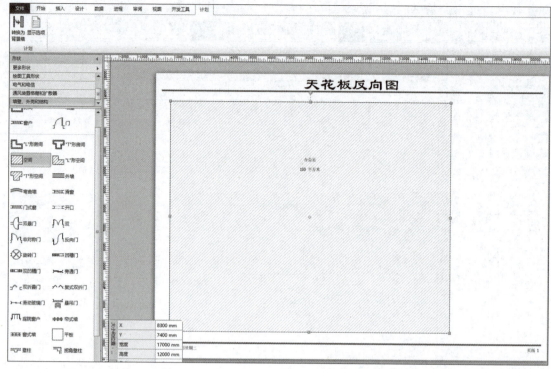

图 3-6-8

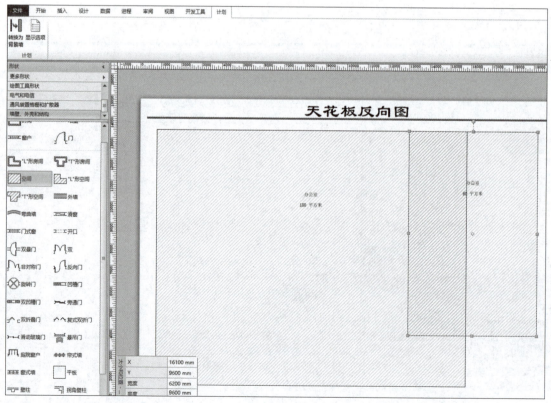

图 3-6-9

项目三　地图和平面布置图

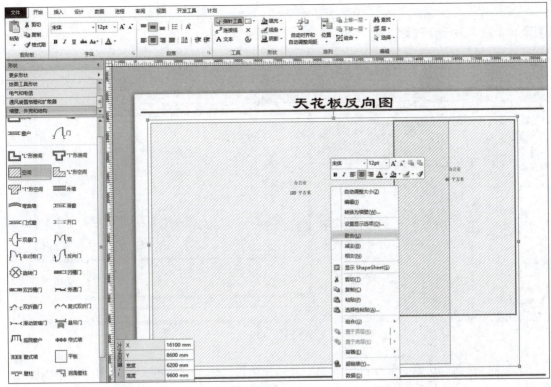

图 3-6-10

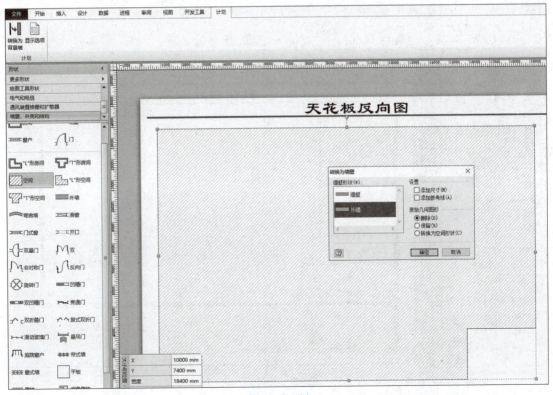

图 3-6-11

步骤12：将"墙壁、外壳和结构"中的"墙壁"拖到绘图区域，并附在"外墙"上。调整其长度，放于合适的位置，如图3-6-12所示。

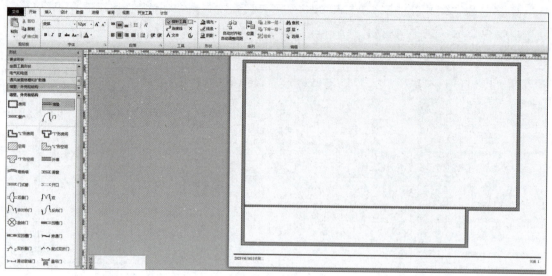

图3-6-12

步骤13：设置其他墙壁。将"墙壁、外壳和结构"中的"墙壁"拖到绘图区域中，并调整其长度，放于合适的位置，如图3-6-13所示。

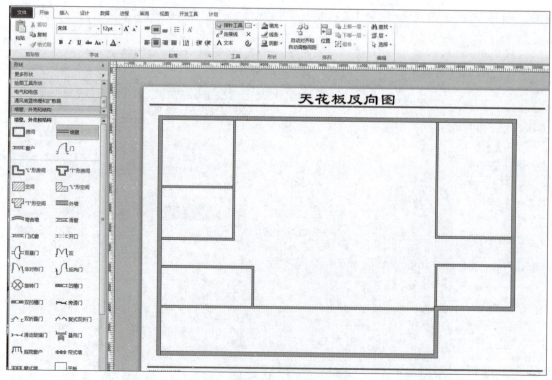

图3-6-13

步骤14：将"墙壁、外壳和结构"中的"门""窗户""滑动玻璃门""双折叠门"拖到绘图区域，放到墙壁上，调整方向、大小及位置，如图3-6-14所示。

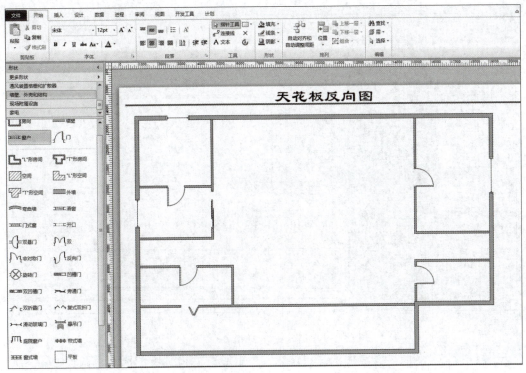

图3-6-14

步骤15：将"建筑物核心"模具中的"抽水马桶""台面水池"拖到绘图区域，调整方向、大小及位置，用文本工具输入"卫生间"，宋体，字体大小为24 pt，如图3-6-15所示。

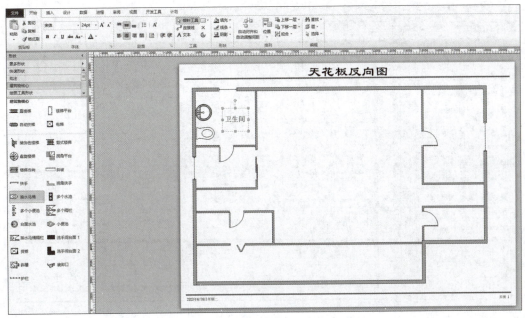

图3-6-15

步骤16：将"家电"模具中的"炊具3"拖到绘图区域，调整方向、大小及位置，用文本工具输入"厨房"，宋体，字体大小为24 pt，如图3-6-16所示。

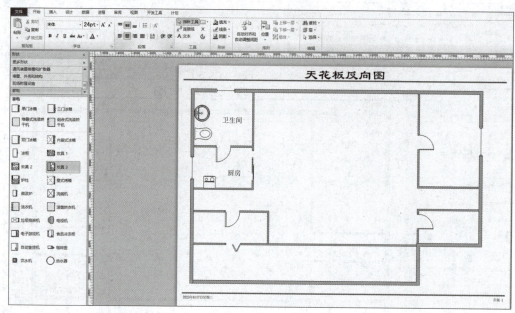

图3-6-16

步骤17：将"家具"模具中的"可调床""矩形桌"拖到绘图区域，调整方向、大小及位置，用文本工具输入"次卧"，宋体，字体大小为"24 pt"，如图3-6-17所示。

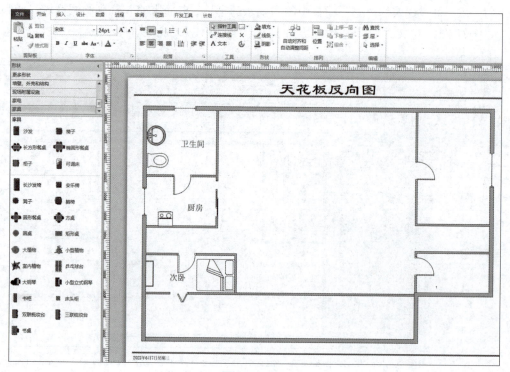

图3-6-17

步骤18：将"家具"模具中的"可调床""矩形桌""双联梳妆台""书桌"拖到绘图区域，调整方向、大小及位置。再把"家电"模具中的"电视机"拖到绘图区域，调整方向、大小及位置，用文本工具输入"主卧"，宋体，字体大小为24 pt，如图3-6-18所示。

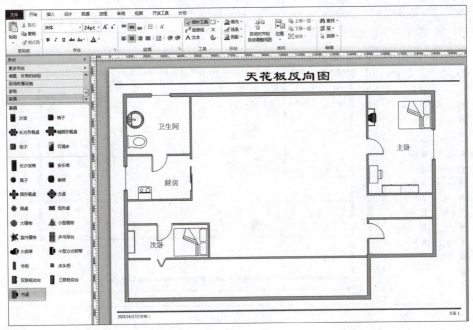

图3-6-18

步骤19：单击"矩形"下拉按钮，选择"折线图"进行绘制，并进行组合，然后进行复制，如图3-6-19所示。

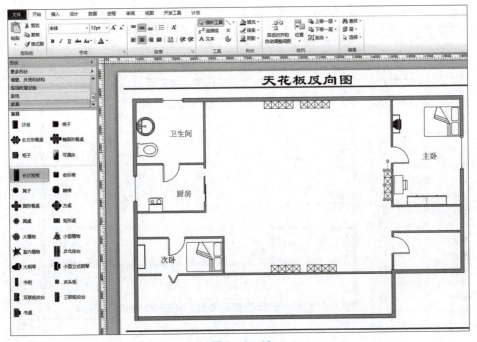

图3-6-19

步骤20：将"家具"模具中的"小型立式钢琴""椭圆形餐桌""室内植物"拖到绘图区域，调整方向、大小及位置，"室内植物"颜色填充为"红色"，如图3-6-20所示。

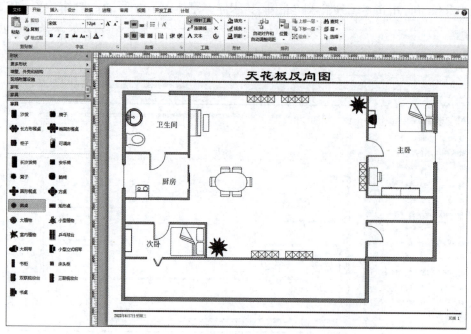

图3-6-20

步骤21：将"家具"模具中的"躺椅""圆桌"拖到绘图区域，调整方向、大小及位置。单击"工具"组中的"文本"按钮，输入"阳台""储藏室"，宋体，设置字体大小为24 pt。绘图完成，如图3-6-21所示。

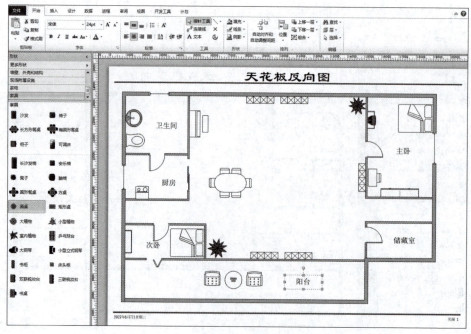

图3-6-21

单元七 现场平面图

现场平面图用于商业和住宅风景设计、园林规划、院落布局、平面图、户外娱乐设施及灌溉系统，使用的比例为1:120（美国单位）或1:200（公制单位）。

现场平面图

案例 绘制施工总平面图

利用"地图和平面布置图"→"现场平面图"模板绘制施工总平面图，如图3-7-1所示。

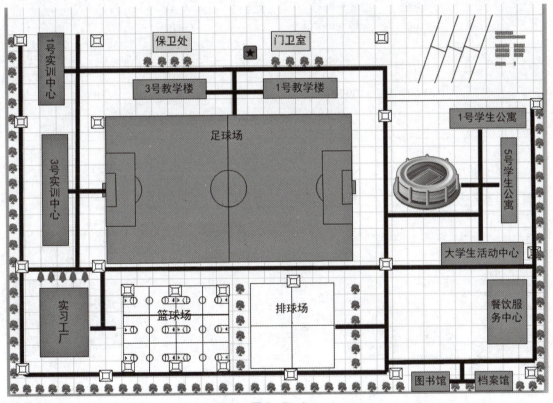

图3-7-1

步骤1：打开Visio软件。

步骤2：单击"文件"菜单，再选择"新建"里面的模板类别"地图和平面布置图"，如图3-7-2所示。

步骤3：在"地图和平面布置图"界面选择"现场平面图"，双击，或者单击右侧的"创建"按钮打开，如图3-7-3所示。

步骤4：进入"平面布置图"的设计绘图界面，如图3-7-4所示。

步骤5：单击"设计"菜单下"页面设置"组的"对话框启动器"按钮，设置"页面尺寸"为预定义的大小A3:420 mm×297 mm，页面方向设置为横向，单击"应用"和"确定"按钮，如图3-7-5所示。

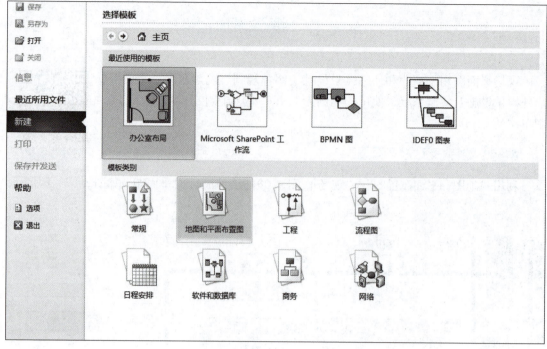

图 3-7-2

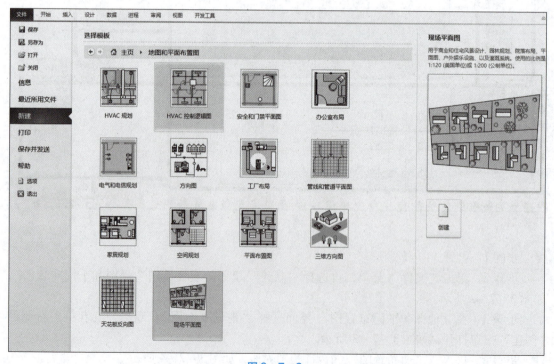

图 3-7-3

项目三　地图和平面布置图

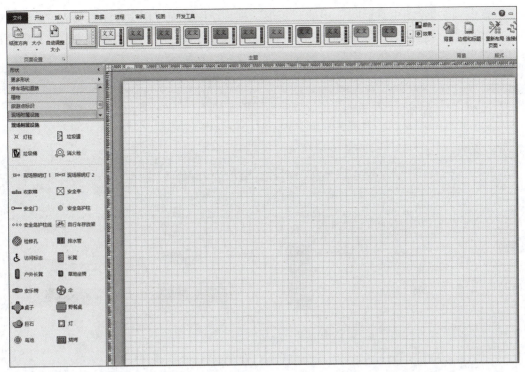

图 3-7-4

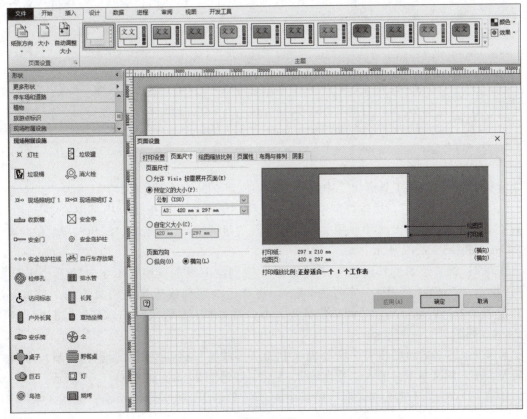

图 3-7-5

步骤6：将"绘图工具形状"中的"矩形"拖到绘图页面，用文本工具输入"1号实训中心"，填充为"蓝色"。"保卫处""门卫室"填充为"黄色"。"3号教学楼""1号教学楼"填充为"浅蓝"，黑体，字号为24 pt，如图3-7-6所示。

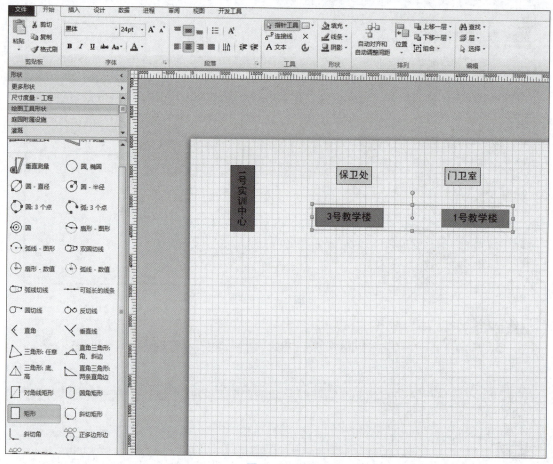

图3-7-6

步骤7：将"绘图工具形状"中的"矩形"拖到绘图页面，用文本工具输入"3号实训中心"，填充为"蓝色"，黑体，字号为24 pt。将"运动场和娱乐场"模具中的"足球场"拖到绘图页，调整位置及大小。用文本工具输入"足球场"，填充为"绿色"，黑体，字号为24 pt，如图3-7-7所示。

步骤8：将"绘图工具形状"中"矩形"拖到绘图页面，用文本工具输入"实习工厂"，填充为"蓝色"，黑体，字号为24 pt。将"运动场和娱乐场"模具中的"篮球场"拖到绘图页中，进行复制，并调整位置及大小。用文本工具输入"篮球场"，黑体，字号为24 pt，如图3-7-8所示。

步骤9：将"运动场和娱乐场"模具中的"排球场"拖到绘图页，进行复制，并调整位置及大小。用文本工具输入"排球场"，黑体，字号为24 pt，如图3-7-9所示。

步骤10：将"停车场和道路"模具中的"停车带2"拖到绘图页面，如图3-7-10所示。

项目三　地图和平面布置图

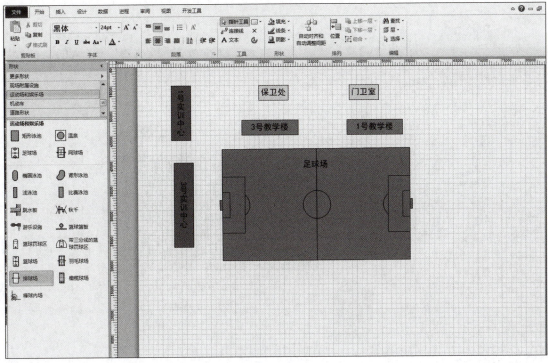

图 3-7-7

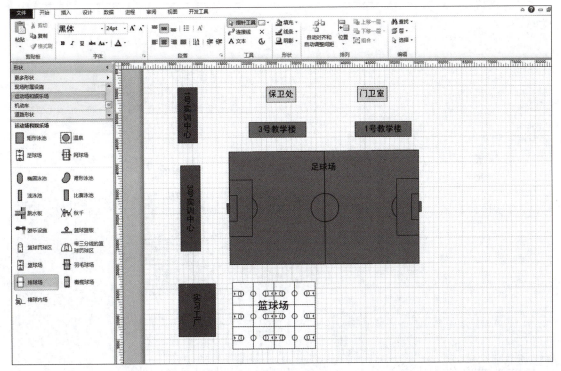

图 3-7-8

图 3-7-9

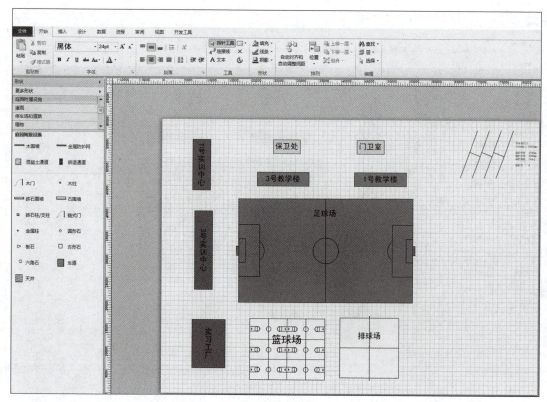

图 3-7-10

步骤 11：将"庭院附属设施"模具中的"砖石围墙"拖到绘图页面，调整位置及大小。将"绘图工具形状"中的"矩形"拖到绘图页面中，用文本工具输入"1号学生公寓"，颜色填充为"蓝色"，黑体，字号为 24 pt，如图 3-7-11 所示。

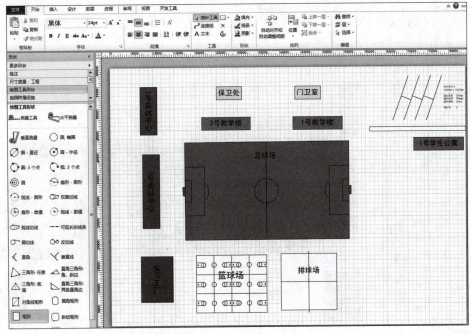

图 3-7-11

步骤 12：将"绘图工具形状"中"矩形"拖到绘图页面，用文本工具输入"5号学生公寓""大学生活动中心"，填充为"蓝色"，黑体，字号为 24 pt，如图 3-7-12 所示。

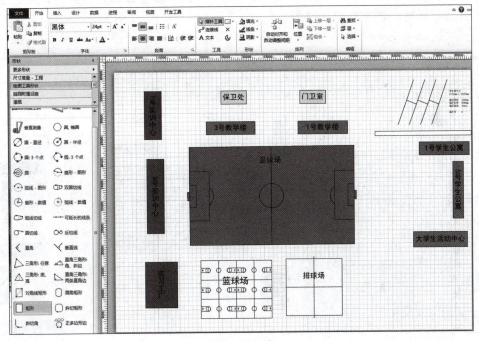

图 3-7-12

步骤13：将"绘图工具形状"中的"矩形"拖到绘图页面，用文本工具输入"餐饮服务中心""图书馆""档案馆"，颜色填充为"蓝色"，黑体，字号为24 pt，如图3-7-13所示。

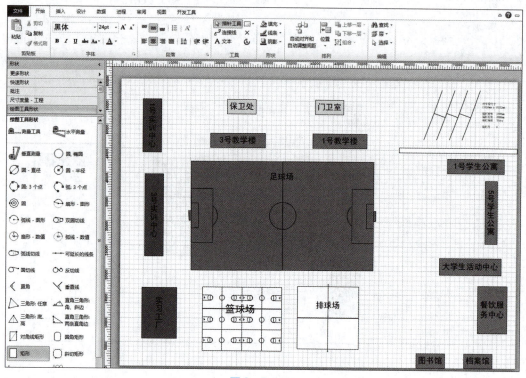

图 3-7-13

步骤14：将"路标形状"模具中的"落叶树""针叶树"拖到绘图页面，调整位置及大小，并进行复制，如图3-7-14所示。

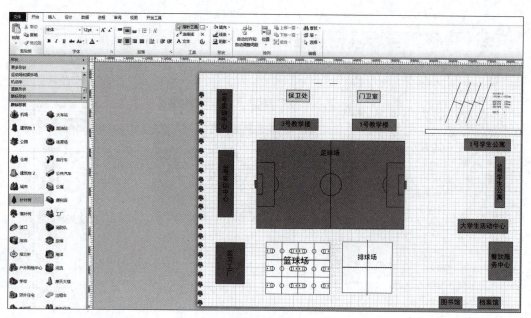

图 3-7-14

项目三　地图和平面布置图

步骤15：重复步骤14。进行修饰，如图3－7－15所示。

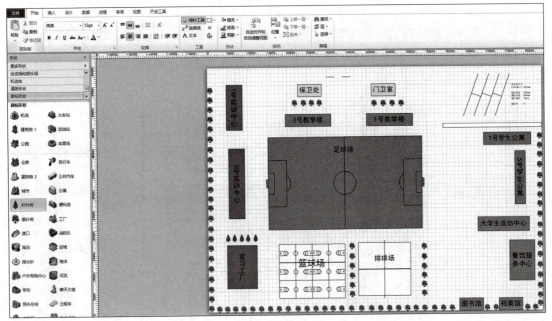

图3－7－15

步骤16：将"路标形状"模具中的"体育场"拖到绘图页面，调整位置及大小，如图3－7－16所示。

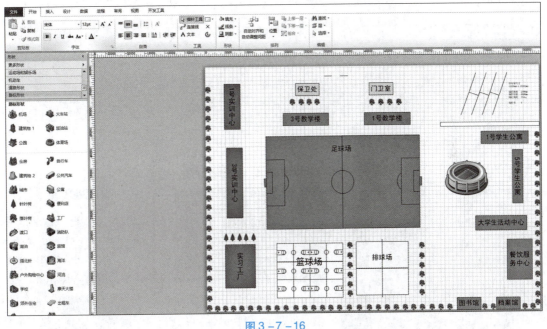

图3－7－16

步骤17：将"道路形状"模具中的"拐角""三向""方端道路"拖到绘图页面，调整位置及大小，如图3－7－17所示。

131

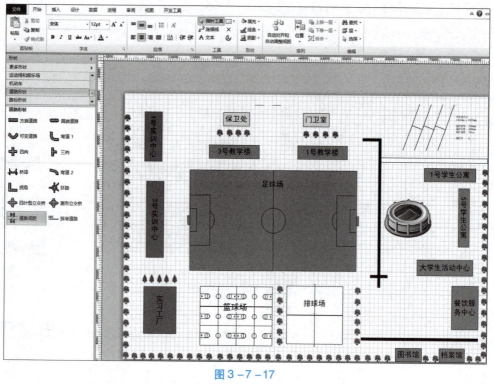

图 3-7-17

步骤18：将"道路形状"模具中的"弯道1"拖到绘图页面，调整位置及大小。将"现场附属设施"中的"灯"拖到绘图页面中，调整大小及位置，如图3-7-18所示。

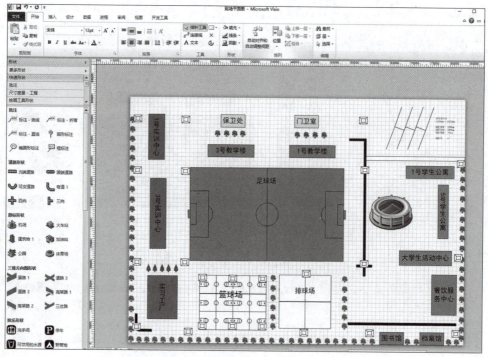

图 3-7-18

步骤19：将"道路形状"模具中的"方端道路""四向""三向"拖到绘图页面，调整位置和大小，如图3-7-19所示。

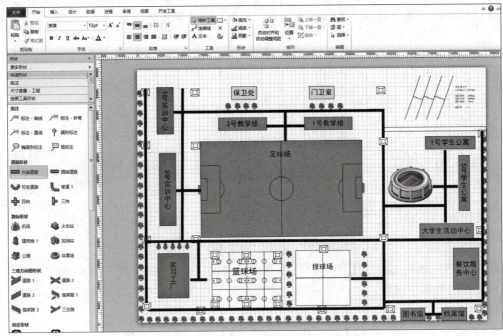

图3-7-19

步骤20：将"旅游点标识"模具中的"您的位置1"拖到绘图页面，调整位置及大小，填充为"红色"。最终效果如图3-7-20所示。

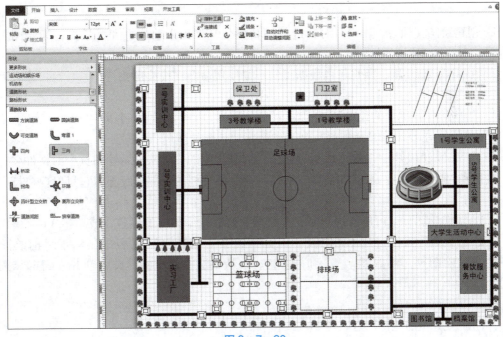

图3-7-20

项目小结

通过"地图和平面布置图"模板中的几个案例,分别设计了绘制相应图形的方法,读者可以根据实际情况"举一反三"强化练习,绘制出需要的图形内容。

项目习题

一、选择题

1. 下列选项中,不是 Visio 文档属性的是(   )。
   A. 标题　　　　　　B. 主题　　　　　　C. 作者　　　　　　D. 只读
2. 在 Visio 2010 中,可以使用(   )放大绘图页。
   A. Alt + F6 组合键　　　　　　　　　　B. Alt + Shift + F6 组合键
   C. Ctrl + Shift + W 组合键　　　　　　D. Ctrl + Shift 组合键
3. 如果要设置绘图文档的页边距,可在"页面设置"对话框的(   )选项卡中进行设置。
   A. 打印设置　　　　B. 页面尺寸　　　　C. 页属性　　　　　D. 阴影
4. 如果所绘制的文档仅用于计算机上显示,可单击"页面设置"组中的"大小"按钮,在展开的列表中选择(   )选项,系统会根据绘制的形状大小来确定实际的绘图页纸张尺寸。
   A. 适应绘图　　　　B. A4　　　　　　　C. A5　　　　　　　D. B5
5. 设置绘图文档页面时,用户可打开"页面设置"对话框,然后在"页面尺寸"选项卡中进行设置。该选项卡中不包括(   )选项。
   A. 允许 Visio 按需展开页面　　　　　　B. 预定义的大小
   C. 自定义大小　　　　　　　　　　　　D. 对齐方式

二、填空题

1. 创建绘图文档后,用户可对其进行编辑操作,如插入前景页和背景页,为绘图页添加背景,对绘图文档应用_____和_____等。
2. 在 Visio 2010 中,用户可以根据工作习惯使用命令、快捷键或_____窗口来查看绘图文档。
3. 要为应用了背景的绘图页改变背景色,可在_____选项卡的"背景"组中单击"背景"按钮,在展开的"背景色"列表中选择要包含的颜色。
4. 在 Visio 2010 中,用户可以通过使用页眉和页脚的方法来显示绘图页中的文件名、页码、日期和时间等信息。页眉和页脚分别显示在绘图文档的顶部与底部,它只出现在打印的_____上和_____模式下,不出现在绘图页上。
5. 要切换绘图页,可单击绘图区下方绘图页标签栏中相应的标签,或单击 Visio 窗口状态栏上的"页面"按钮,打开"页面"对话框,在"选择页"列表中显示了目前绘图文档中所有的绘图页,包括_____和_____,从中选择要切换的页后单击"确定"按钮即可。

三、操作题

绘制图 1 所示的地铁示意图。

项目三　地图和平面布置图

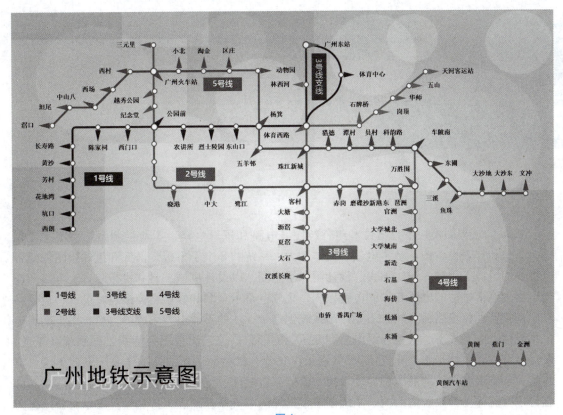

图1

项目四

工程图

Visio 的工程图模板下有部件和组件绘图、电路和逻辑电路、工业控制系统、工艺流程图、管道和仪表设备图、基本电气、流体动力、系统共 8 个子模板。部件和组件绘图创建带有批注的机械工程技术图、图表、设计图和示意图,以设计机械工具和机械装置。电路和逻辑电路创建带批注的电路和印刷电路板图、集成电路示意图和数字、模拟逻辑设计,包含终端、连接器和传输路径形状。工业控制系统创建带批注的工业电力系统图,包含用于旋转电机半导体、固态设备、开关、继电器和变压器的形状。工艺流程图为管线工程系统(工业、制炼、真空、流体、水力和气体)、管线工程支持、材料配送和液体输送系统创建 PFD。流体动力创建带有批注的液压和气动系统、流体流量组件、流量控制装置、流动路线、阀和阀组件以及流体动力设备的绘图。系统创建带批注的电气原理图、维护和修复图以及公用电力基础设施设计,包含用于静止设备、通信设备和固态设备的形状。

单元一 管道和仪表设备图

管道和仪表设备图为管线工程系统(工业、制炼、真空、流体、水力和气体)、管线工程支持、材料配送和液体输送系统创建 PID。

案例 绘制精馏塔流程图

管道和仪表设备图

要绘制的精馏塔流程图如图 4-1-1 所示。

步骤 1:单击新建"工程"模板下的"管道和仪表设备图"模板,双击新建绘图文档。

步骤 2:选择"设计"菜单下的"页面设置"组,更改纸张方向为"横向",在"背景"组中设置背景样式为"实心"效果。

步骤 3:选择"设备-泵"形状窗格中的"离心泵"形状,拖曳到绘图区。打开"大小和位置"窗口,更改形状的高度或宽度为"20 mm",同时更改字体大小为"24 pt"。

步骤 4:将"阀门和管件"形状窗格中的"隔膜阀"形状拖曳到绘图区适当位置,打开"大小和位置"窗口,更改形状的高度或宽度为"15 mm",同时更改字体大小为"24 pt",如图 4-1-2 所示。

步骤 5:使用同样的操作将"设备-容器"形状窗格中的"容器"拖曳到绘图区,并

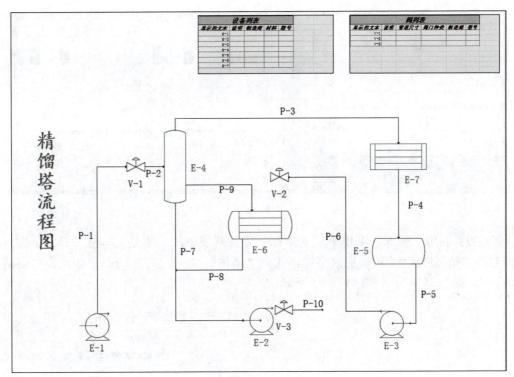

图4-1-1

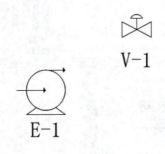

图4-1-2

调整适当大小。将"设备-热交换器"形状窗格中的"管束1""冷凝器""容器""隔膜阀""离心泵"形状拖曳到绘图区,并设置字体大小为"24 pt"。前面已有的形状也可以通过复制来完成。

步骤6:单击"开始"菜单"编辑"组中的"层"下拉按钮,将"阀门"的颜色更改为"04:颜色",将"设备"的颜色设置为"02:红色",如图4-1-3所示。

步骤7:将"管道"形状中的"主管道R"拖曳到绘图区,让设备之间进行连接。移动黄色菱形形状到适当位置,更改字体大小为"24 pt"。添加其他"管道"形状并调整到合适的位置。

步骤8:将"工序批注"形状窗格中的"阀列表"拖曳到绘图区右上角,如图4-1-4所示。

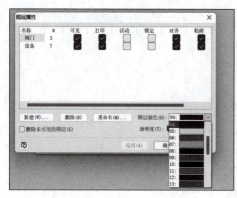 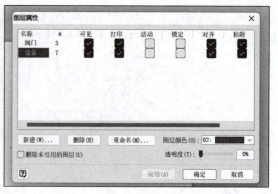

图 4-1-3

步骤9：利用"插入"菜单下"文本框"下拉列表中的"垂直文本框"命令，输入标题内容为"精馏塔流程图"。更改字体样式为"楷体"，字号为"48 pt"，颜色为"强调文字颜色4，深色25%"，如图 4-1-5 所示。

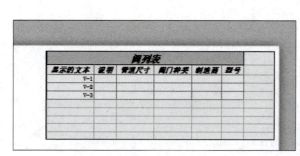

图 4-1-4

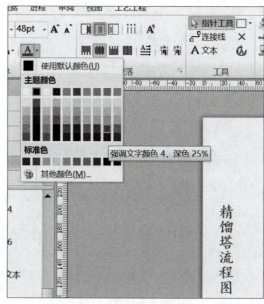

图 4-1-5

单元二　基本电气

基本电气用于创建示意性的单线接线图和设计图，包含开关继电器、传输路径、半导体、电路和电子管等形状。

案例　绘制电路图

通过"工程"模板→"基本电气"模板绘制电路图，如图 4-2-1 所示。

基本电气

项目四　工程图

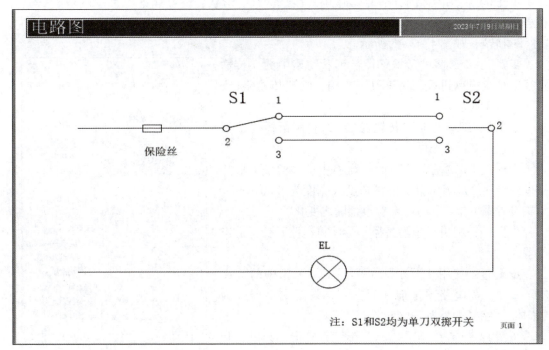

图4-2-1

步骤1：单击新建"工程"模板下的"基本电气"模板，双击新建绘图文档。

步骤2：选择"设计"菜单下的"页面设置"组，更改纸张方向为"横向"，在"背景"组中设置背景样式为"实心"效果。

步骤3：将"开关和继电器"形状窗格下的"保险丝"形状拖曳到绘图区，在弹出的"大小和位置"窗口中更改形状的高度为"15 mm"，角度为"0 deg"，宽度自动变化。如果"保险丝"的形状是默认效果，可以右击，选择"显示替代符号"，即可正常显示。单击右键，还可以显示"闭合"或"断开"效果，如图4-2-2所示。

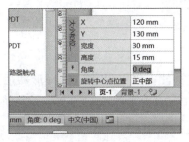 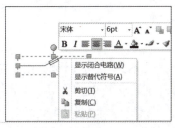 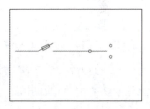

图4-2-2

步骤4：将"开关和继电器"形状窗格下的"SPDT"形状拖曳到"保险丝"形状的右方，设置宽度值为"30 mm"。如果"大小和位置"窗口没有弹出，可以单击窗口左下角的标签，再进行数据更改。

步骤5：将"传输路径"形状窗格中的"传输路径"形状拖曳到"保险丝"形状的右方，与"SPDT"连接，单击"传输路径"形状，右击，选择"置于底层"。

139

步骤6：使用同样的方法继续拖曳一个"SPDT"形状，设置其宽度为"30 mm"，放置在绘图区的适当位置，并单击"开始"菜单下的"排列"组中选择"位置"→"旋转形状"→"水平翻转"，如图4-2-3所示。

步骤7：继续将"传输路径"形状窗格中的"传输路径"形状拖曳到两个"SPDT"之间，将"传输路径"形状"置于底层"。

步骤8：继续绘制"传输路径"，利用鼠标连接形状，并拉伸至适当长度。

步骤9：将"基本项"形状窗格中的"灯2"形状拖曳到绘图区适当位置。设置高度或宽度为"20 mm"。无论设置哪个参数，另一个参数都随之变化。

步骤10：利用"传输路径"形状将电路延长至适当位置。

步骤11：使用"开始"菜单"工具"组中的"文本"命令，为电路图添加说明文字，设置文字样式为"宋体"，字号大小为"18 pt"。

步骤12：选择"S1""S2"形状，右击，选择"开关位置"，可以显示开关灯的状态情况。

步骤13：选择"设计"菜单"背景"组中的"边框和标题"下拉按钮，选择"平铺"样式。在"背景-

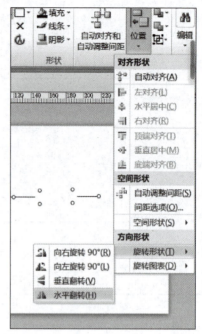

图4-2-3

1"标签下，更改标题内容为"电路图"，宋体，字体大小为"30 pt"。在"形状"组中，更改填充颜色为"填充，深色50%"。回到"页-1"标签下，保存文档。

项目小结

通过"工程图"模板中的几个案例，主要介绍了"精馏塔流程图"和"电路图"的绘制方法，读者可以根据实际情况"举一反三"多加练习，绘制其他需要的图形内容。

项目习题

一、选择题

1. 除了通过双击形状和"文本"工具为形状添加文本外，也可以通过选择形状后按（　　）键的方法来为形状添加文本。其中，利用"文本"工具为形状添加的文本不会随图形位置、大小的改变而改变。

  A. F2   B. Ctrl   C. Shift   D. F5

2. 当在绘图文档中复制与移动文本时，可以使用（　　）组合键复制文本，使用Ctrl + X组合键移动文本。

  A. Ctrl + A B. Ctrl + C C. Ctrl + Z D. Ctrl + V

3. 要设置文本的字体、字号和字体颜色，可选中文本后，单击（　　）组中相应的按钮，再在展开的列表中选择所需选项即可。

  A. 字体   B. 段落   C. 形状   D. 剪贴板

4. 当在"文本"对话框的"字体"选项卡中选择（   ）时，可在选中文本的中间添加线条。

A. 下划线　　　　　B. 删除线　　　　　C. 样式　　　　　D. 大小写

5. 要将文本进行旋转，可选中文本框或形状后单击"开始"选项卡"段落"组中单击（   ）按钮，即可将文本向左旋转90°。

A. 旋转文本　　　　B. 文字方向　　　　C. 项目符号　　　D. 减少缩进量

二、填空题

1. 形状文本是用来描述形状所使用的文本。在 Visio 中，用户可以通过两种方式插入形状文本：一是通过双击形状，二是通过"文本"工具。要对文本进行编辑，首先要选择文本，为此，用户可通过_____、利用"文本"工具或快捷键_____等方法进行选择。

2. 在绘图文档中绘制文本框后，用户可利用"开始"选项卡_____组中的"填充""线条"和"阴影"按钮来设置文本框的填充颜色、线条和阴影格式。

3. 如果要在绘图文档中插入一些特殊符号，如版权符号、注册符号和商标符号等，可在"符号"对话框的_____选项卡中进行选择并确定。

4. 在 Visio 中，用户可以使用_____工具将指定文本、段落或图片的格式复制到另一个对象中，从而帮助用户避免一些重复性的操作，提高工作效率。

5. 如果要设置段落中行与行之间的距离，可选中文本后打开"文本"对话框，再在"段落"选项卡的_____设置区中进行设置并确定。

三、操作题

1. 绘制如图 1 所示的"水的三态及其特征"图案。

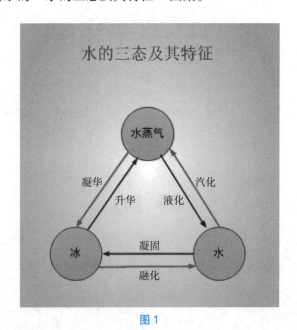

图 1

2. 绘制如图 2 所示的"计算机工作流程图"图案。

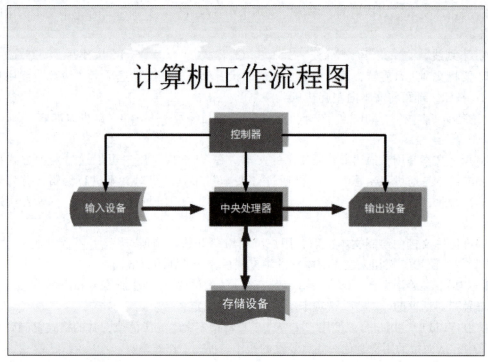

图2

3. 绘制如图3所示的"双控开关示意图"。

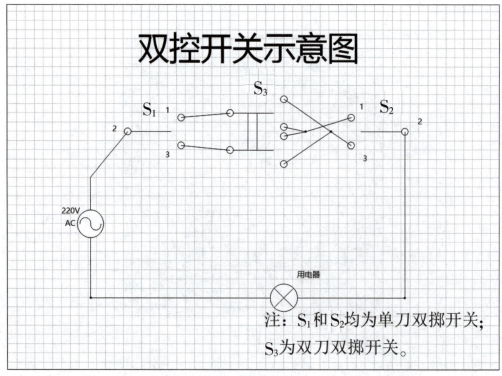

图3

项目五

流程图

Visio 的流程图模板下有 BPMN、IDEFO、Microsoft Sharepoint 工作流程图、SDL 图、工作流程图、基本流程图、跨职能流程图共 7 个子模板。

单元一　BPMN 图

案例　绘制 BPMN 图

通过"流程图"→"BPMN"模板绘制 BPMN 图,如图 5-1-1 所示。

BPMN 图

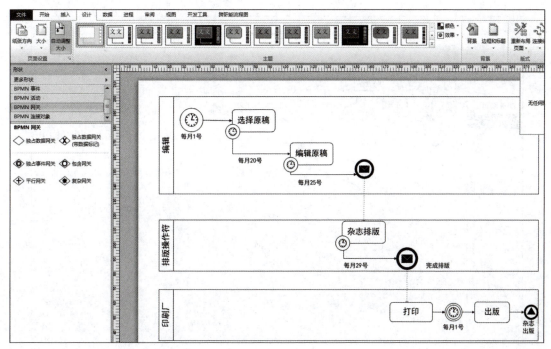

图 5-1-1

步骤1：打开 Visio 软件。

步骤2：单击"文件"→"新建"→"流程图"，如图 5–1–2 所示。

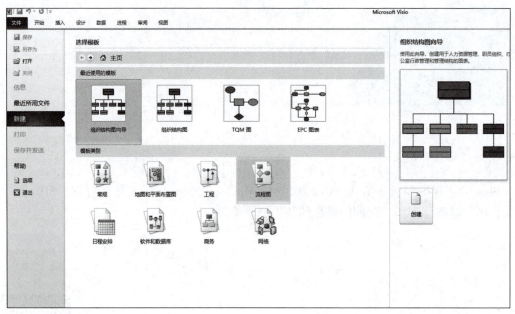

图 5–1–2

步骤3：在"流程图"界面，选择"BPMN 图"，在右侧单击"创建"按钮，如图 5–1–3 所示。

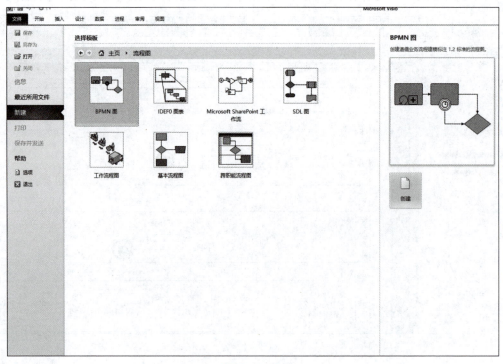

图 5–1–3

步骤4：进入"BPMN 图"的绘图界面，如图5-1-4所示。

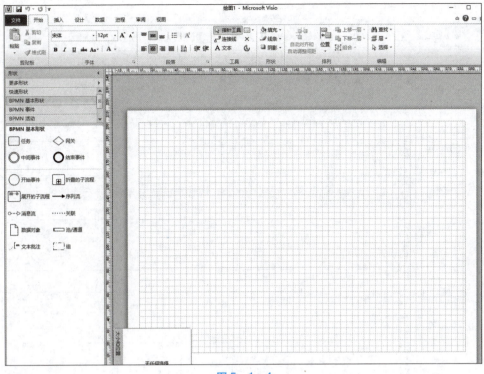

图5-1-4

步骤5：将"BPMN 基本形状"中的对象"池/通道"拖到右侧的主窗口中，如图5-1-5所示。

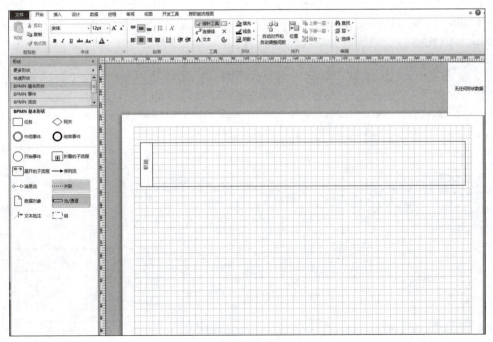

图5-1-5

步骤6：按 Ctrl 键复制 2 个"池/通道"，并调整形状，如图 5-1-6 所示。

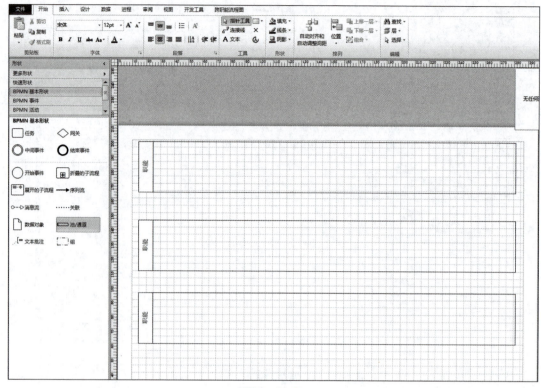

图 5-1-6

步骤7：双击"池/通道"，输入内容，黑体，字号为 16 pt，如图 5-1-7 所示。

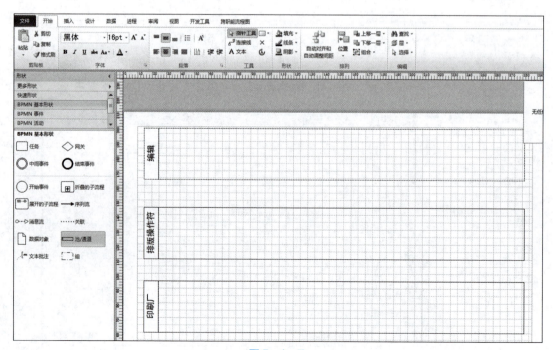

图 5-1-7

步骤 8：将"BPMN 事件"中的"开始计时器事件"拖曳到绘图区域，如图 5-1-8 所示。

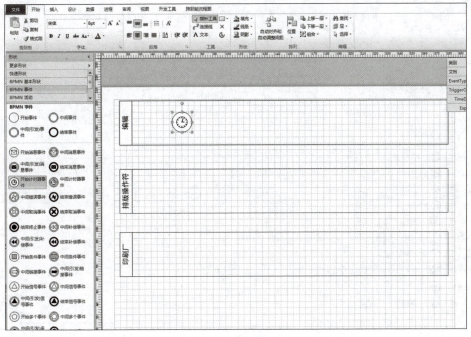

图 5-1-8

步骤 9：将"BPMN 基本形状"中的"任务"拖到绘图区域，输入文字"选择原稿"，黑体，字号为 16 pt，如图 5-1-9 所示。

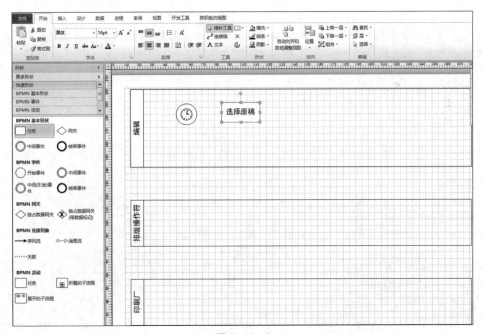

图 5-1-9

步骤10：将"BPMN 事件"中的"开始计时器事件"拖到绘图区域，并组合，如图 5 - 1 - 10 所示。

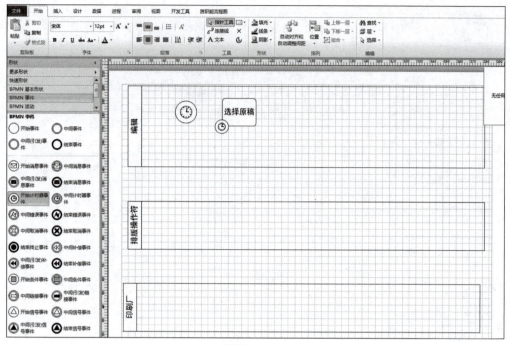

图 5 - 1 - 10

步骤11：复制上述操作，如图 5 - 1 - 11 所示。

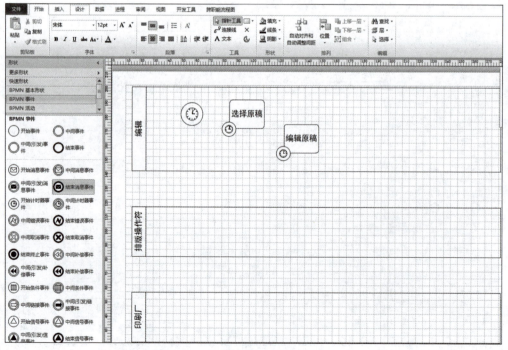

图 5 - 1 - 11

步骤12：将"BPMN 事件"中的"结束消息事件"拖到绘图区域，并调整形状，如图 5-1-12 所示。

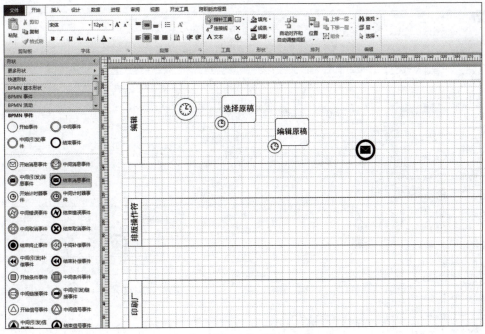

图 5-1-12

步骤13：将"BPMN 基本形状"中的"任务"及"BPMN 事件"中的"开始计时器事件"拖到绘图区域，并调整形状，进行组合，如图 5-1-13 所示。

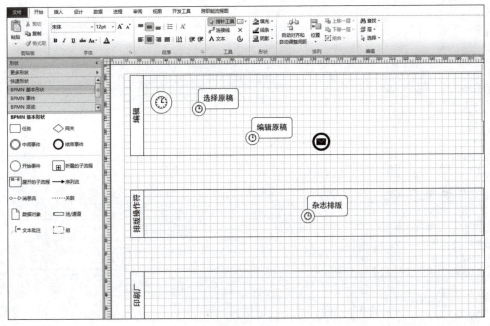

图 5-1-13

149

步骤14：将"BPMN 事件"中的"结束消息事件"拖到绘图区域，并调整形状，如图 5-1-14 所示。

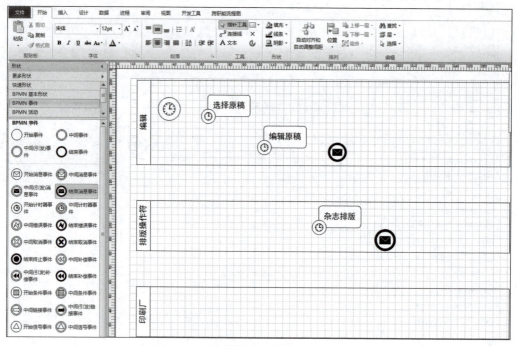

图 5-1-14

步骤15：将"BPMN 基本形状"中的"任务"拖到绘图区域，并调整形状。输入"打印"，黑体，字号为 16 pt，如图 5-1-15 所示。

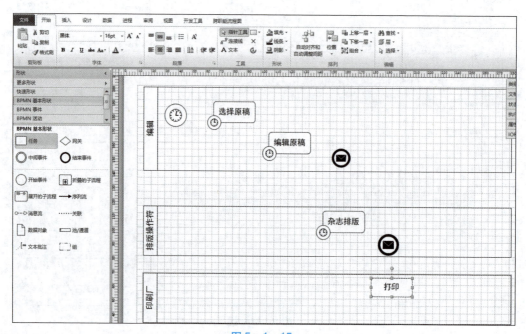

图 5-1-15

150

步骤 16：将"BPMN 事件"中的"中间计时器事件"拖到绘图区域，并调整形状，如图 5 – 1 – 16 所示。

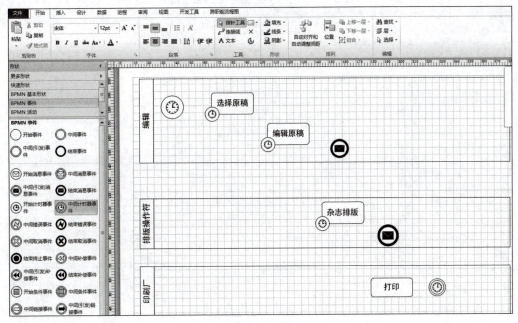

图 5 – 1 – 16

步骤 17：将"BPMN 基本形状"中的"任务"拖到绘图区域中，并调整形状。输入"出版"，黑体，字号为 16 pt，如图 5 – 1 – 17 所示。

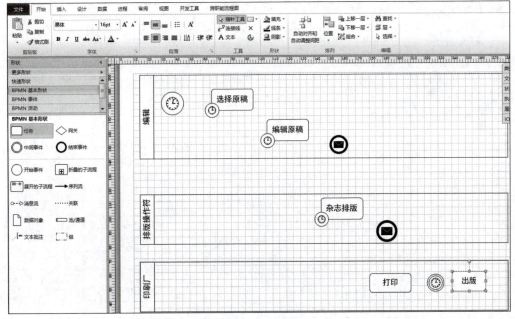

图 5 – 1 – 17

步骤18:将"BPMN 事件"中的"结束信号事件"拖到绘图区域,并调整形状,如图 5-1-18 所示。

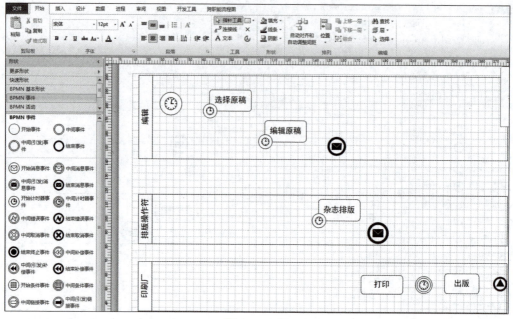

图 5-1-18

步骤19:用"BPMN 连接对象"中的"序列流""关联(一个方向)"进行连接,如图 5-1-19 所示。

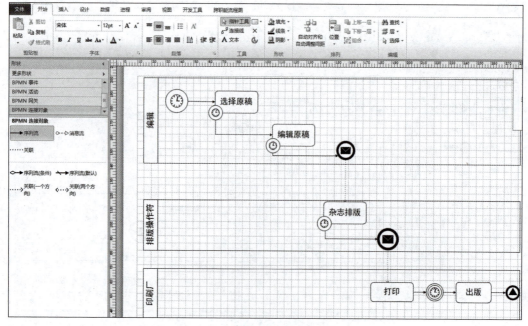

图 5-1-19

步骤20：输入相应内容，黑体，字号为12 pt，如图5-1-20所示。

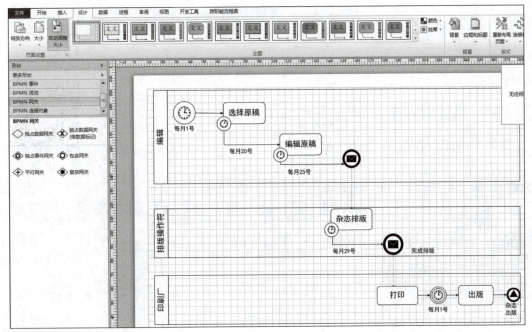

图5-1-20

步骤21：设置背景为实心。最终效果如图5-1-21所示。

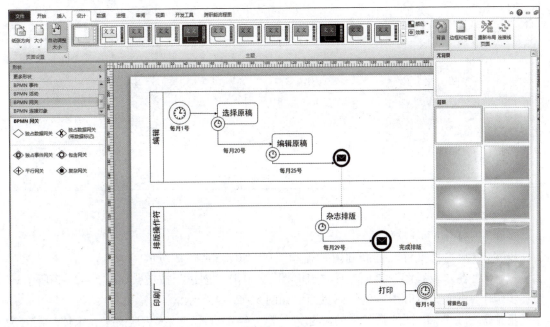

图5-1-21

单元二 SDL 图

SDL（使用规范和说明语言）为通信和电信系统及网络创建面向对象的图表。其基于 CCITT 规范。

案例　绘制 SDL 图

绘制 SDL 图，如图 5-2-1 所示。

SDL 图

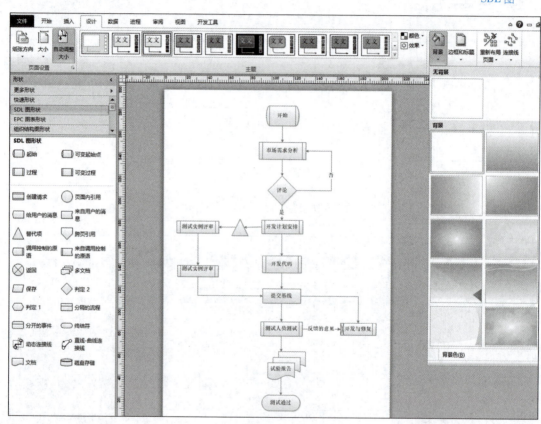

图 5-2-1

步骤 1：打开 Visio 软件。

步骤 2：单击"文件"→"新建"→"流程图"，如图 5-2-2 所示。

步骤 3：在"流程图"界面选择"SDL 图"，单击"创建"按钮，如图 5-2-3 所示。

步骤 4：进入"SDL 图"的绘图页面，如图 5-2-4 所示。

步骤 5：将"SDL 图形状"中的"起始"拖入绘图页面，输入相应文字，宋体，字号为 14 pt，如图 5-2-5 所示。

步骤 6：将"SDL 图形状"中的"过程""判定 2"拖入绘图页面，输入相应文字，宋体，字号为 14 pt，如图 5-2-6 所示。

项目五 流程图

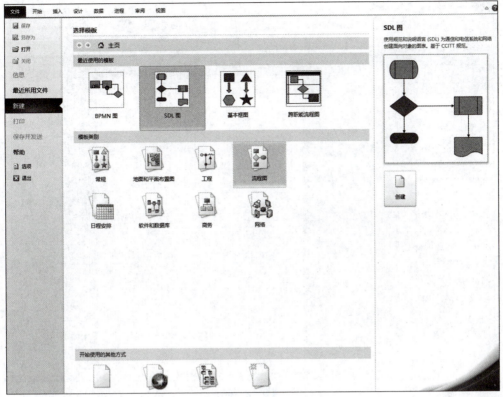

图 5-2-2

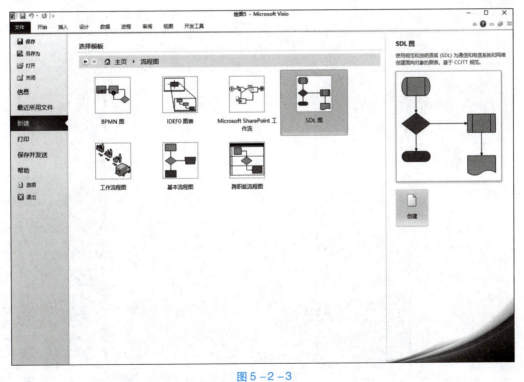

图 5-2-3

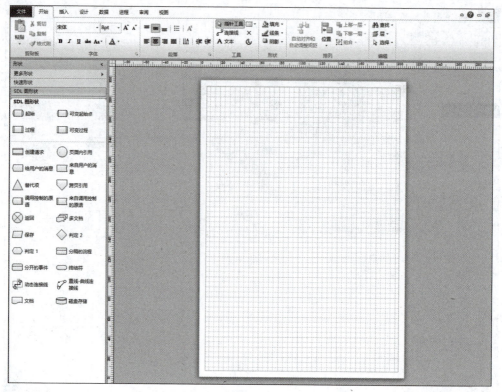

图 5-2-4

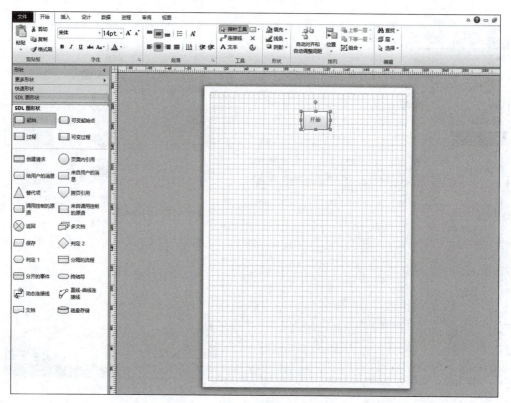

图 5-2-5

项目五　流程图

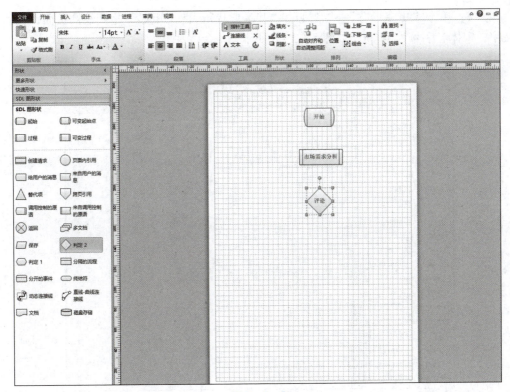

图5-2-6

步骤7：按住 Ctrl 键复制"过程"，输入相应文字，宋体，字号为 14 pt，如图 5-2-7 所示。

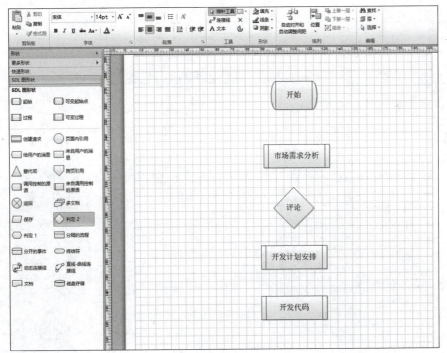

图5-2-7

步骤8：单击"更多形状"→"常规"→"基本形状"，把"矩形"拖到绘图页面，输入相应文字，宋体，字号为14 pt，如图5-2-8所示。

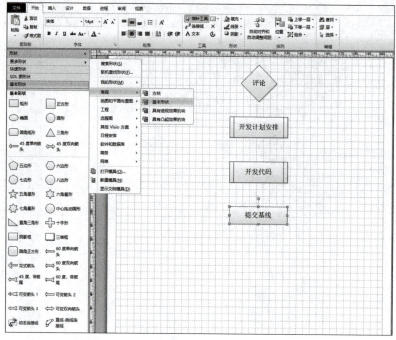

图5-2-8

步骤9：将"SDL图形状"中的"可变过程""多文档"拖到绘图页面，输入相应文字，宋体，字号为14 pt，如图5-2-9所示。

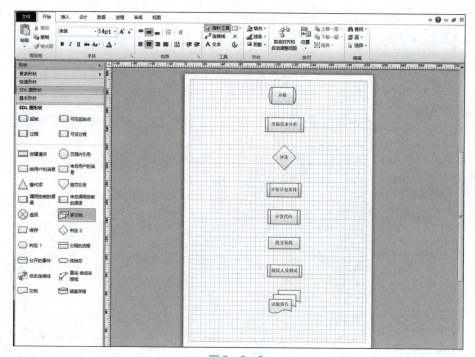

图5-2-9

步骤 10：将"SDL 图形状"中的"终结符"拖到绘图页面，输入相应文字，宋体，字号为 14 pt，如图 5-2-10 所示。

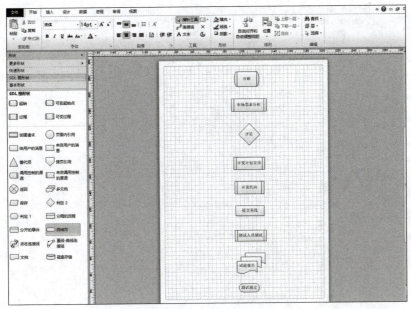

图 5-2-10

步骤 11：将"SDL 图形状"中的"替代项"拖到绘图页面，如图 5-2-11 所示。

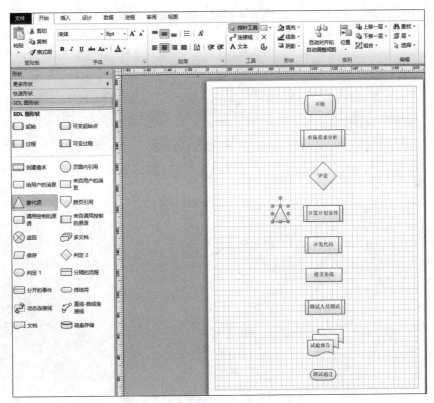

图 5-2-11

步骤12：将"SDL图形状"中"可变过程"拖到绘图页面，并复制，输入相应文字，宋体，字号为14 pt，如图5－2－12所示。

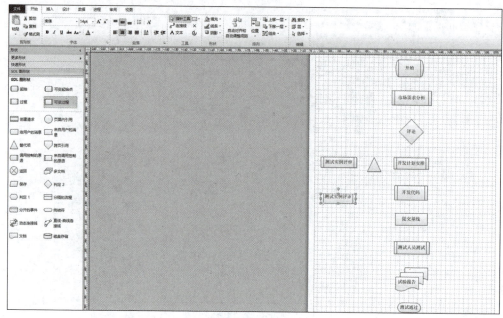

图 5－2－12

步骤13：将"SDL图形状"中"可变过程"拖到绘图页面，输入相应文字，宋体，字号为14 pt。用"形状"工具中的"铅笔"绘制⊠，如图5－2－13所示。

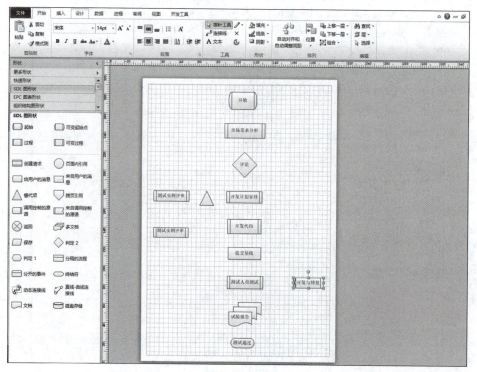

图 5－2－13

步骤 14：用工具中的 连接线 进行连接，线条为"浅蓝"，如图 5-2-14 所示。

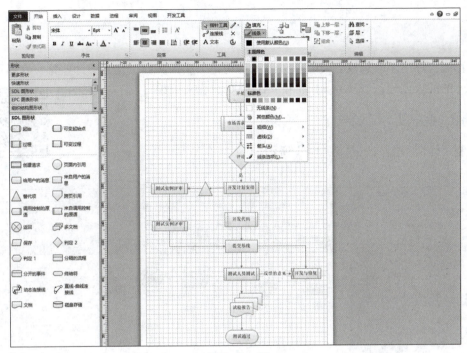

图 5-2-14

步骤 15：在菜单栏中的"背景"下拉列表中，选择背景为"实心"。效果如图 5-2-15 所示。

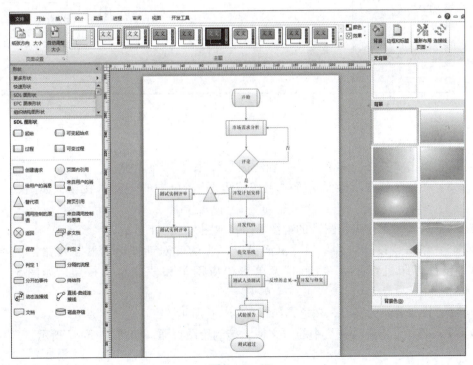

图 5-2-15

单元三　工作流程图

工作流程图用于信息流创建、业务流程自动化、业务流程重建、会计核算、管理和人力资源单元的图表创建，以及 6 Sigma 和 ISO 9000 流程文档编写。

案例　绘制工作流程图

绘制工作流程图，如图 5-3-1 所示。

工作流程图

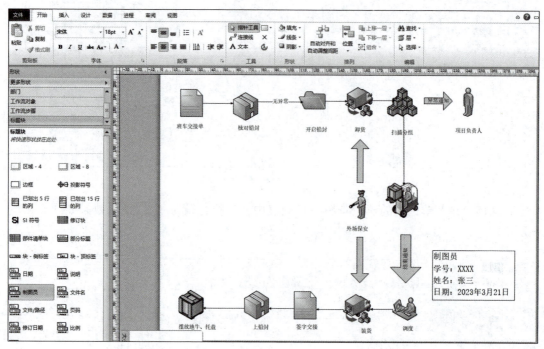

图 5-3-1

步骤 1：打开 Visio 软件。

步骤 2：单击 "文件"→"新建"→"流程图"，如图 5-3-2 所示。

步骤 3：在 "流程图" 界面选择 "工作流程图"，单击 "创建" 按钮，如图 5-3-3 所示。

步骤 4：进入 "工作流程图" 的绘图界面，如图 5-3-4 所示。

步骤 5：单击 "设计" 菜单栏 "页面设置" 组的 "对话框启动器" 按钮，在弹出的对话框中设置打印机纸张为 "横向"，单击 "应用" 和 "确定" 按钮，如图 5-3-5 所示。

步骤 6：设置背景为实心，白色，如图 5-3-6 所示。

步骤 7：把 "工作流对象" 中的 "文档" 拖到绘图页面，如图 5-3-7 所示。

项目五　流程图

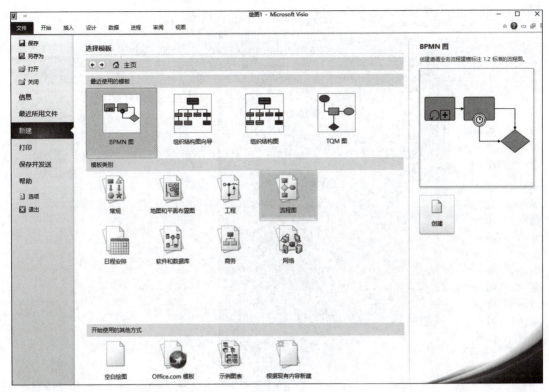

图 5-3-2

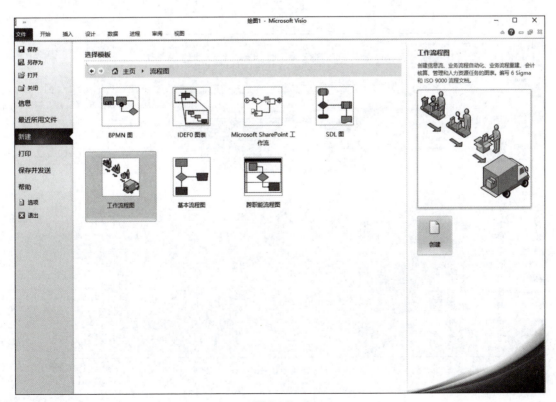

图 5-3-3

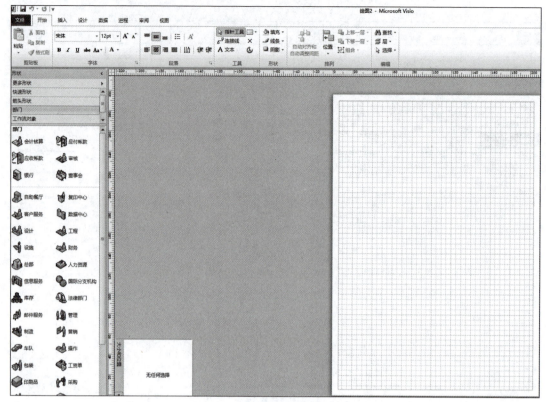

图 5-3-4

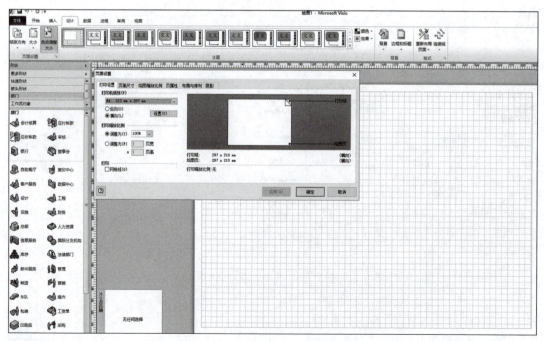

图 5-3-5

项目五　流程图

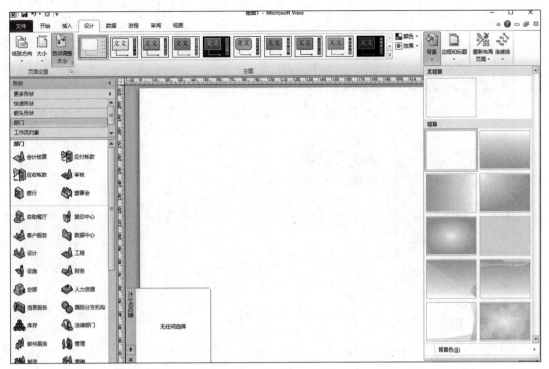

图 5-3-6

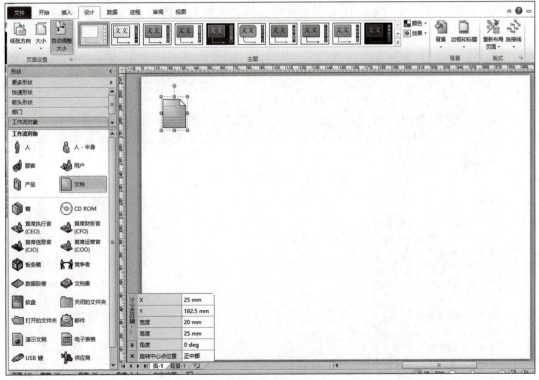

图 5-3-7

步骤8：把"工作流对象"中的"箱"拖到绘图页面，并选择"自动连接"，如图5-3-8所示。

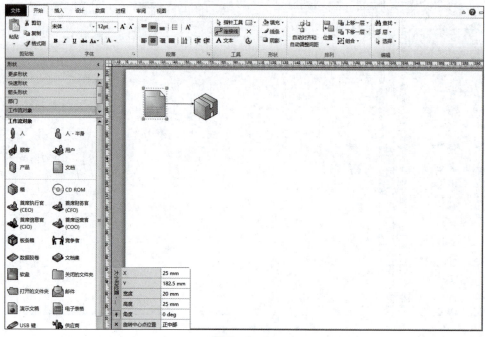

图5-3-8

步骤9：把"工作流对象"中的"打开的文件夹"拖到绘图页面，用 连接线 进行连接，并双击连接线，输入文字"无异常"，宋体，字号为12 pt，如图5-3-9所示。

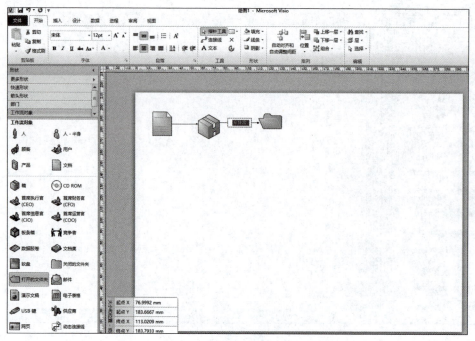

图5-3-9

步骤10：把"部分"中的"接货"拖到绘图页面，用 连接线 进行连接，如图5－3－10所示。

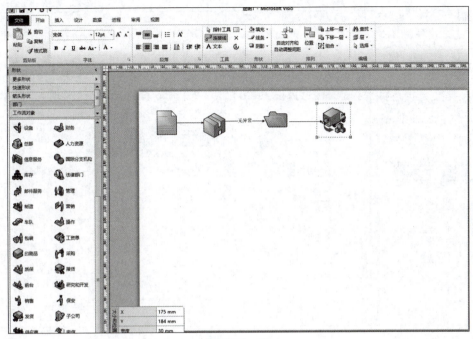

图5－3－10

步骤11：把"部门"中的"库存"拖到绘图页面，用 连接线 进行连接，如图5－3－11所示。

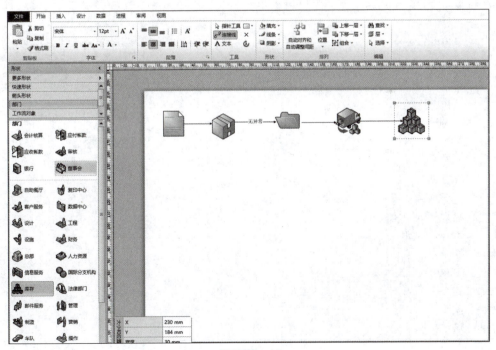

图5－3－11

步骤12：把"箭头形状"中的"45度单向箭头"拖到绘图页面，调整箭头形状，双击，输入文字"异常通知"，宋体，字号为 12 pt，如图 5-3-12 所示。

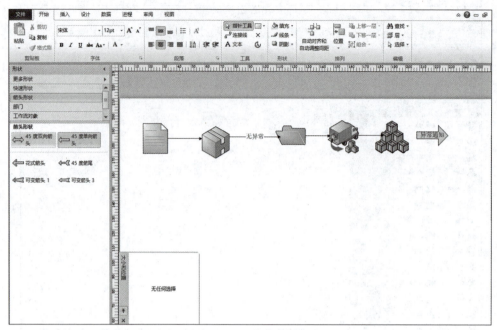

图 5-3-12

步骤13：将"工作流对象"中的"人"拖到绘图页面，如图 5-3-13 所示。

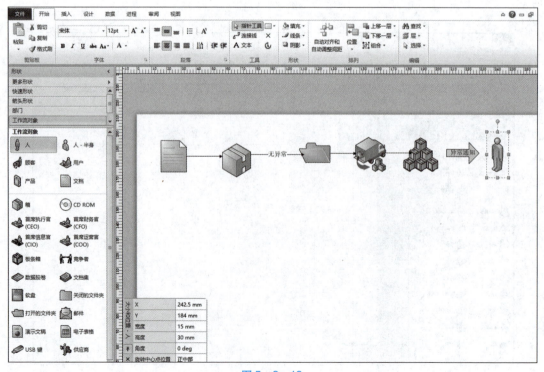

图 5-3-13

步骤14：利用"文本"工具依次输入文字，宋体，字号为12 pt，如图5-3-14所示。

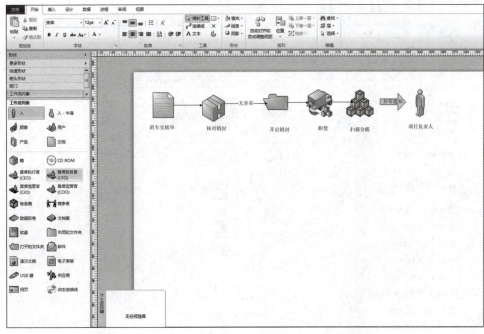

图5-3-14

步骤15：将"箭头形状"中的"45度单向箭头"拖到绘图页面，调整箭头形状，如图5-3-15所示。

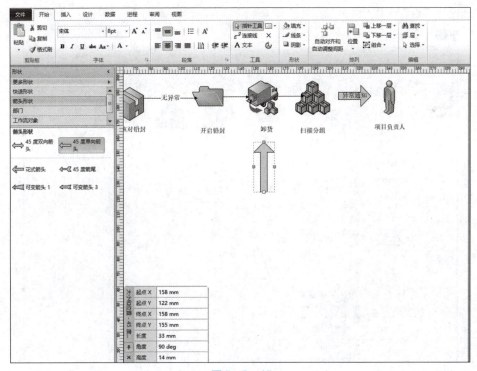

图5-3-15

步骤16：将"部门"中的"保安"拖到绘图页面中，并用"文本"工具输入"外场保安"，宋体，字号为12 pt，如图5-3-16所示。

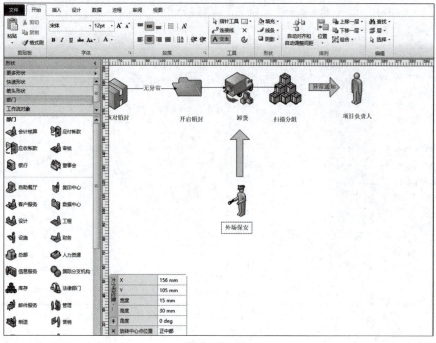

图5-3-16

步骤17：将"箭头形状"中的"45度单向箭头"拖到绘图页面，用 指针工具 调整箭头形状，如图5-3-17所示。

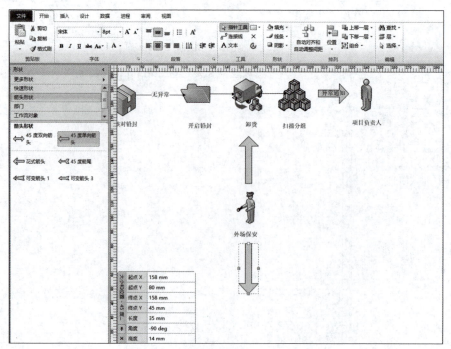

图5-3-17

步骤18：将"部门"中的"仓库"拖到绘图页面，用 连接线 进行连接，如图5-3-18所示。

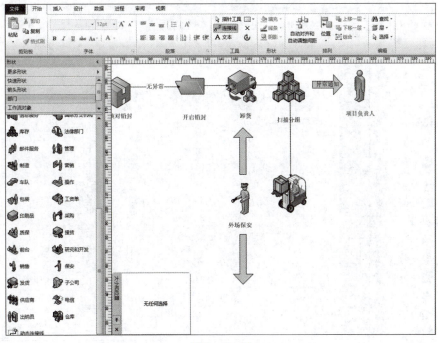

图5-3-18

步骤19：将"箭头形状"中的"45度单向箭头"拖到绘图页面，用 指针工具 调整箭头形状，并输入"结束通知"，宋体，字号为12 pt，更改文字方向为垂直，如图5-3-19所示。

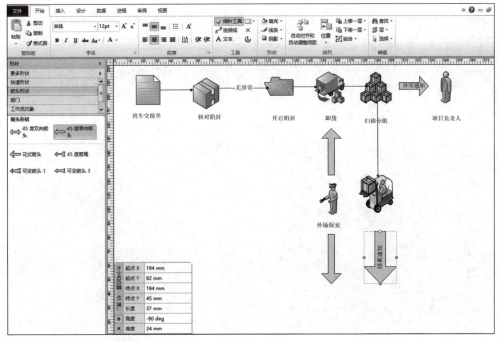

图5-3-19

步骤20：将"部门"中的"设计"拖到绘图页面，如图5-3-20所示。

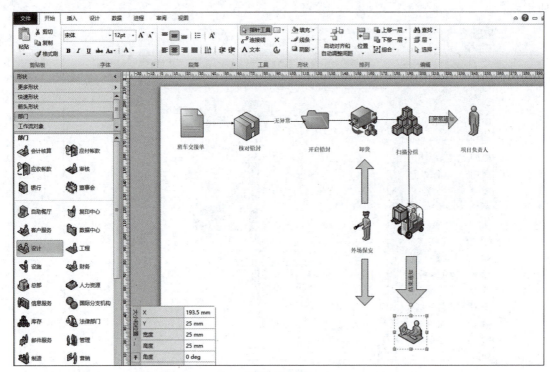

图5-3-20

步骤21：将"部门"中的"发货"拖到绘图页面，用 连接线 进行连接，如图5-3-21所示。

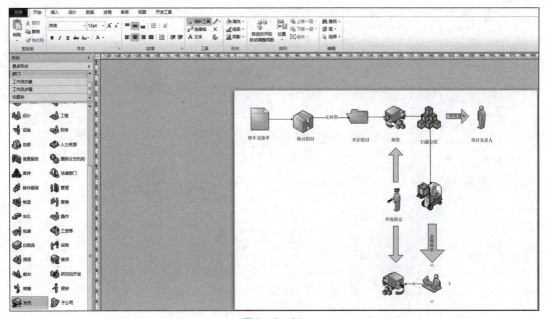

图5-3-21

步骤22：将"工作流对象"中的"文档"拖到绘图页面，用 连接线 进行连接，如图5-3-22所示。

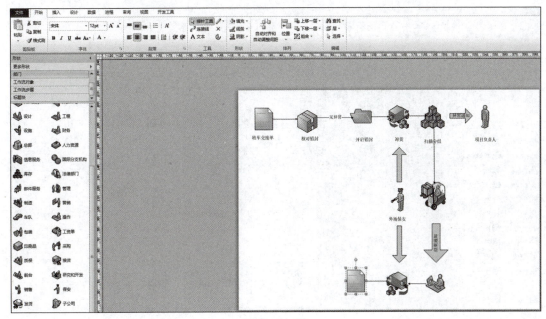

图5-3-22

步骤23：将"工作流对象"中的"箱"拖到绘图页面，用 连接线 进行连接，如图5-3-23所示。

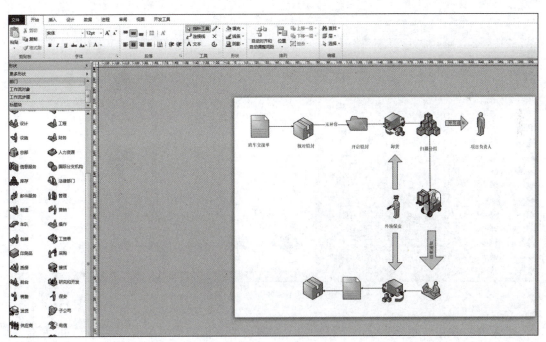

图5-3-23

步骤24：将"工作流对象"中的"板条箱"拖到绘图页面，用 连接线 进行连接，如图5-3-24所示。

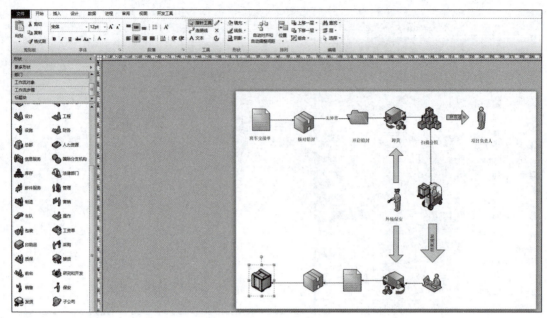

图5-3-24

步骤25：利用"文本"工具依次输入文字，宋体，字号为12 pt，如图5-3-25所示。

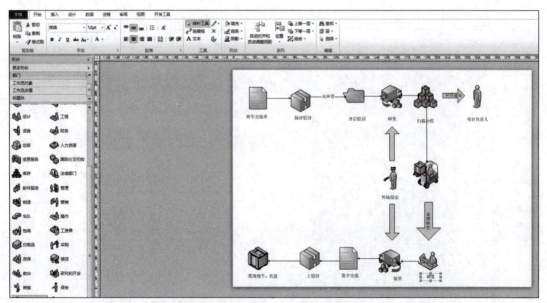

图5-3-25

步骤26：单击"更多形状"下拉按钮，在弹出的下拉菜单中单击"其他Visio方案"→"标题块"，如图5-3-26所示。

项目五　流程图

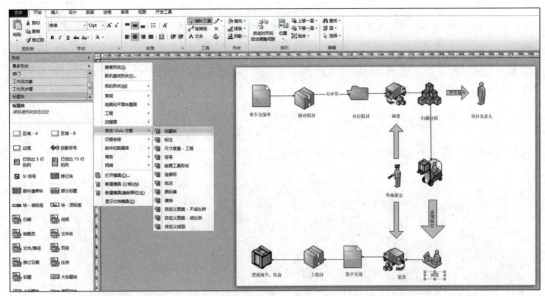

图 5-3-26

步骤27：把"标题块"中的"制图员"拖到绘图页面中，输入相应文字，宋体，字号为 18 pt。最终效果如图 5-3-27 所示。

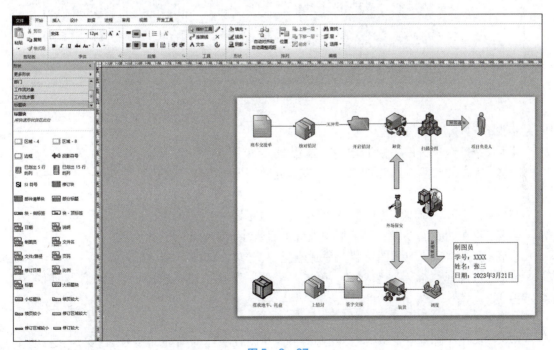

图 5-3-27

单元四　基本流程图

基本流程图

基本流程图用于创建流程图、顺序图、信息跟踪图、流程规划图和结构预测图，包含连接线和链接。

案例　绘制网络建设流程图

绘制网络建设流程图，如图 5-4-1 所示。

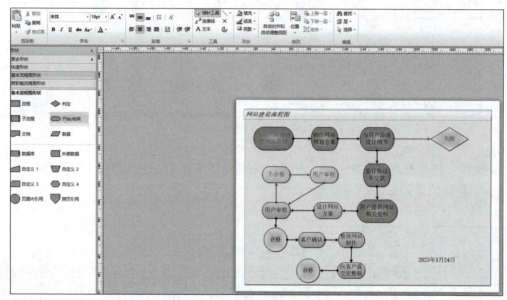

图 5-4-1

步骤 1：打开 Visio 软件。

步骤 2：单击"文件"→"新建"→"流程图"，如图 5-4-2 所示。

步骤 3：在"流程图"界面选择"基本流程图"，单击"创建"按钮，如图 5-4-3 所示。

步骤 4：进入"基本流程图"的绘图界面，如图 5-4-4 所示。

步骤 5：在"页面设置"对话框中设置页面属性，如图 5-4-5 所示。

步骤 6：为"基本流程图形状"添加颜色"溪流"，如图 5-4-6 所示。

步骤 7：选择"插入"选项卡，单击"容器"下拉按钮，选择"容器 11"，如图 5-4-7 所示。

步骤 8：调整画布大小，如图 5-4-8 所示。

步骤 9：在"标题"栏中输入相应文字，并设置字体为楷体，字号为 36 pt，左对齐，加粗，倾斜，如图 5-4-9 所示。

步骤 10：将"基本流程图形状"中的"开始/结束"拖到绘图页面，通过拖动控制手柄调整其大小，如图 5-4-10 所示。

项目五　流程图

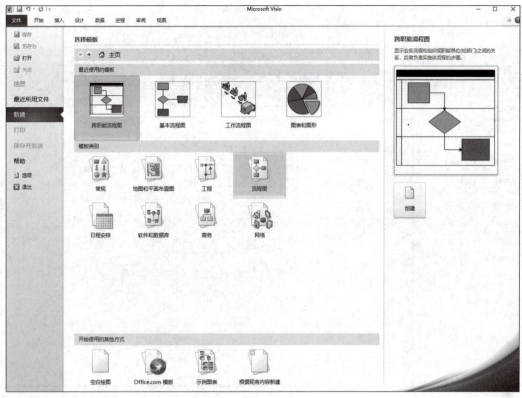

图 5-4-2

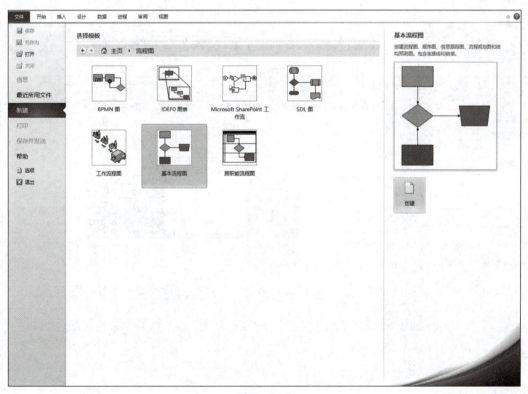

图 5-4-3

Visio 绘图案例教程

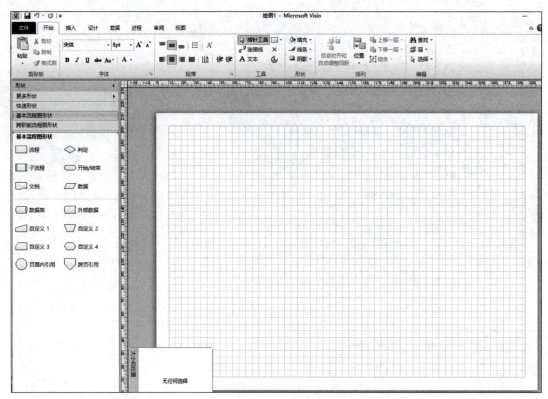

图 5-4-4

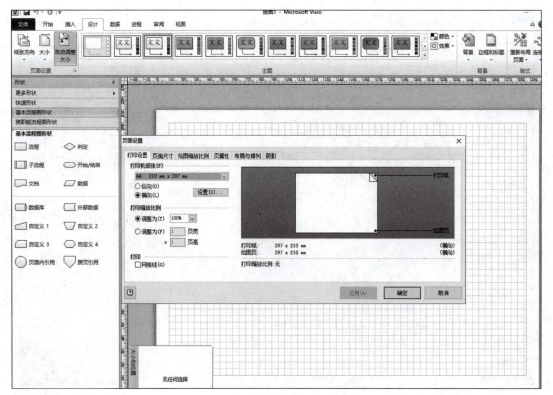

图 5-4-5

项目五 流程图

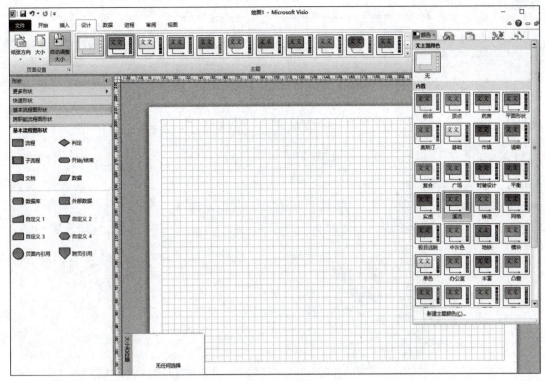

图 5-4-6

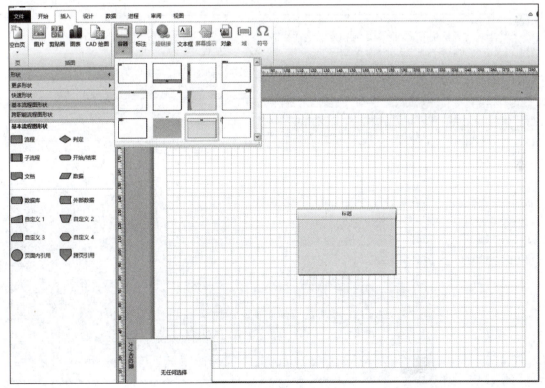

图 5-4-7

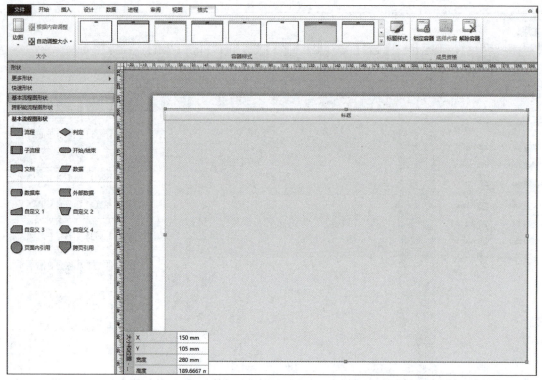

图 5-4-8

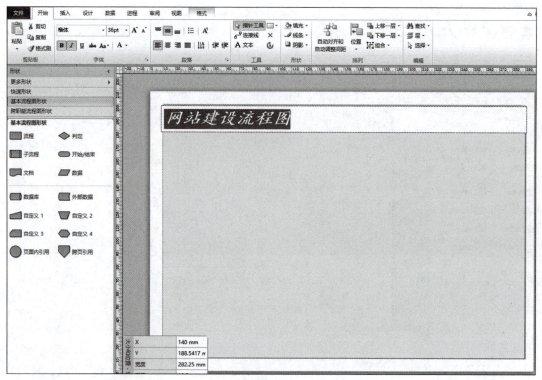

图 5-4-9

项目五 流程图

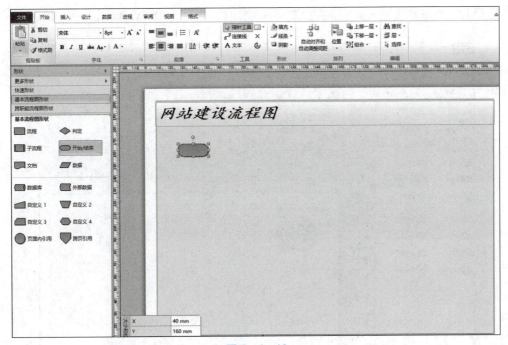

图 5-4-10

步骤 11：单击"填充"下拉按钮，选择"填充"选项，在弹出的对话框中选择颜色为"强调文字颜色 1"，图案为"35"，图案颜色为"填充，淡色 40%"，单击"应用"和"确定"按钮，如图 5-4-11 所示。

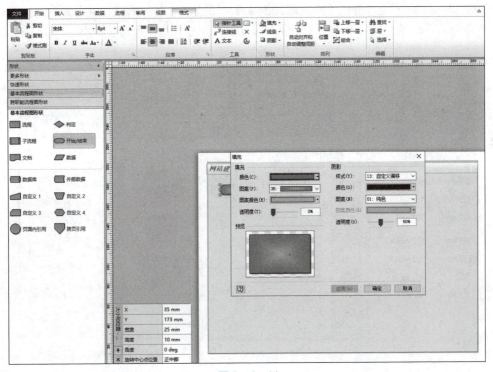

图 5-4-11

步骤12：在形状上输入文字，并设置字体为宋体，字号为18 pt，如图5-4-12所示。

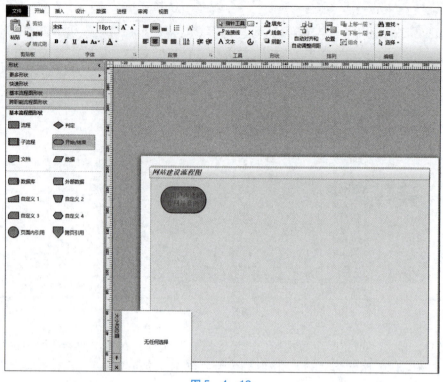

图5-4-12

步骤13：用同样的方法在绘图页面绘制4个"开始/结束"形状，并分别输入文字，宋体，字号为18 pt，如图5-4-13所示。

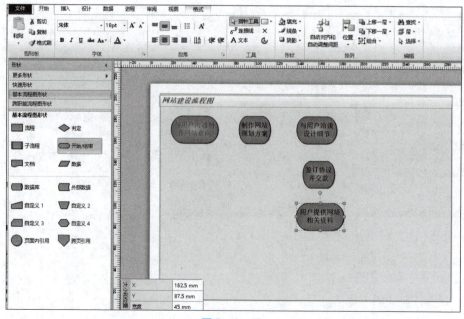

图5-4-13

步骤14：用 [连接线] 进行连接。选择绘制的线条，单击"线条"→"线条选项"命令，在弹出的对话框中，设置粗细为"2% pt"，箭头起点为"10"，单击"应用"和"确定"按钮，如图5-4-14所示。

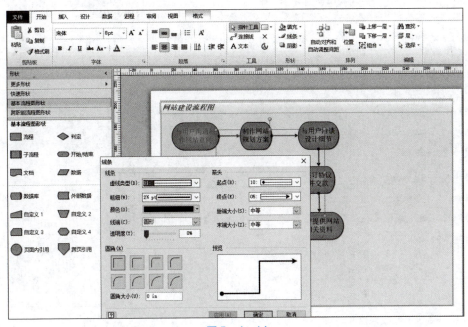

图5-4-14

步骤15：把"基本流程图形状"中的"判定"拖到绘图页面，通过拖动控制手柄来调整其大小。在"填充"对话框中，设置填充颜色为"黄色"，图案为"35"，图案颜色为"橙色"，单击"应用"和"确定"按钮，如图5-4-15所示。

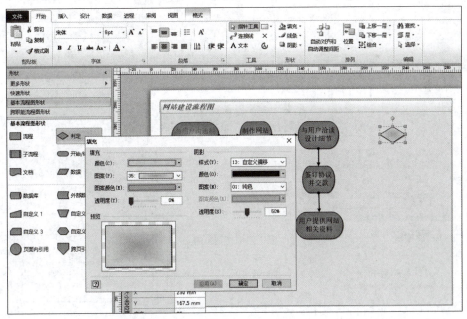

图5-4-15

步骤 16：在形状中输入文字，字体颜色为红色，宋体，字号为 18 pt，如图 5－4－16 所示。

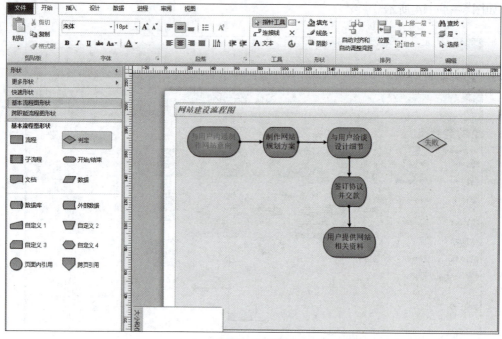

图 5－4－16

步骤 17：用 连接线 进行连接。在"线条"对话框中，设置线条粗细为"2¼ pt"，颜色为"红色"，箭头起点为"10"，单击"应用"和"确定"按钮，如图 5－4－17 所示。

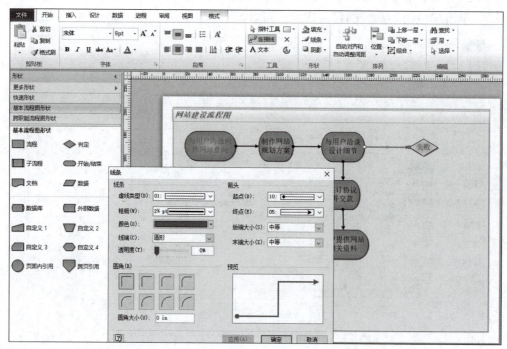

图 5－4－17

步骤18：进行复制，输入文字。在"填充"对话框中设置填充颜色为"强调文字颜色2，淡色40%"，图案为"28"，图案颜色为"强调文字颜色2，淡色80%"，单击"应用"和"确定"按钮，如图5-4-18所示。

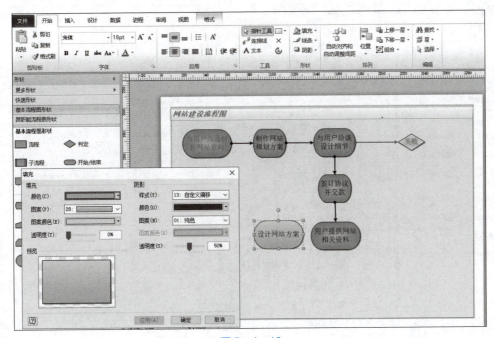

图5-4-18

步骤19：进行复制，并依次输入文字，宋体，字号为18 pt，如图5-4-19所示。

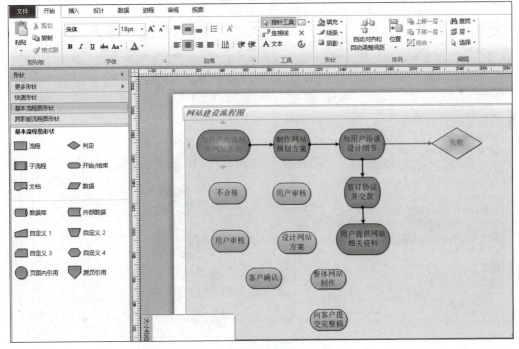

图5-4-19

步骤20：进行全选，选择"填充"下拉菜单中的"填充选项"，设置颜色为"强调文字颜色5，淡色40%"，图案为"31"，图案颜色为"强调文字颜色5，淡色80%"，字体颜色为"红色"，单击"应用"和"确定"按钮，如图5-4-20所示。

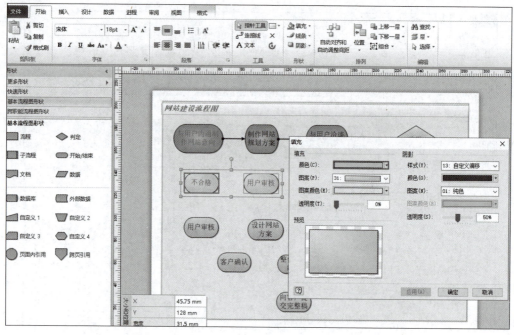

图5-4-20

步骤21：用 连接线 进行连接。在"线条"对话框中，设置线条粗细为"2% pt"，颜色为"红色"，箭头起点为"10"，单击"应用"和"确定"按钮，如图5-4-21所示。

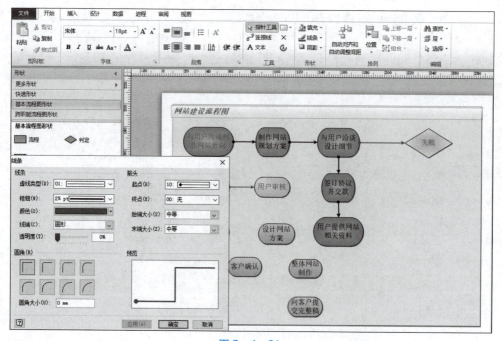

图5-4-21

项目五　流程图

步骤22：单击工具栏中的 下拉按钮，选择"折线图"。绘制折线，在"线条"对话框中，设置线条粗细为"2% pt"，颜色为"红色"，箭头起点为"10"，终点为"05"，单击"应用"和"确定"按钮，阴影设置为"无阴影"，如图5-4-22所示。

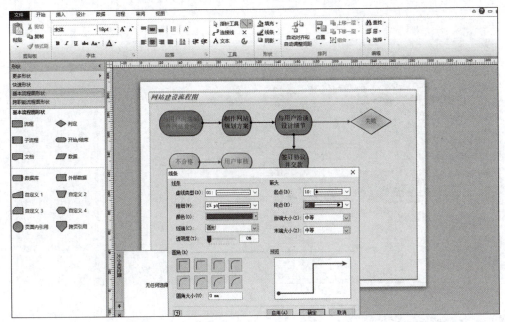

图5-4-22

步骤23：将"基本流程图形状"中的"页面内引用"拖到绘图页面。在"填充"对话框中，设置填充颜色为"黄色"，图案为"35"，图案颜色为"橙色"，单击"应用"和"确定"按钮，如图5-4-23所示。输入相应文字，宋体，字号为18 pt。

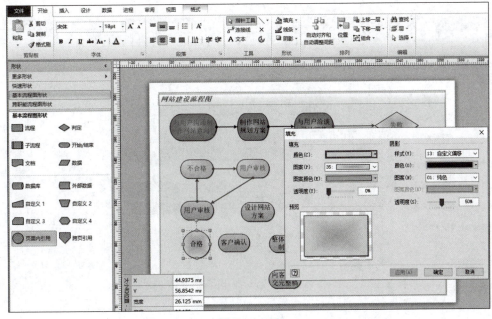

图5-4-23

步骤24：复制"合格"形状，用 连接线 进行连接。在"线条"对话框中，设置线条粗细为"2% pt"，箭头起点为"10"，单击"应用"和"确定"按钮，如图5-4-24所示。

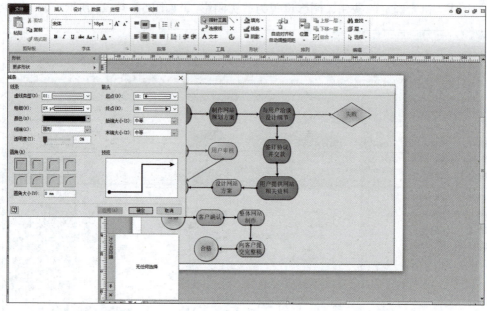

图5-4-24

步骤25：单击"插入"→"文本框"→"横排文本框"，输入日期，字体为宋体，字号为18 pt。最终效果如图5-4-25所示。

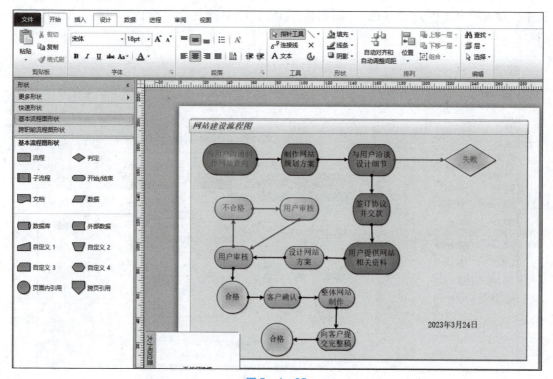

图5-4-25

单元五　跨职能流程图

跨职能流程图用于显示业务流程和组织或职能单位（如部门）之间的关系，后者负责实施该流程的步骤。

跨职能流程图

案例　绘制跨职能流程图

跨职能流程图如图 5-5-1 所示。

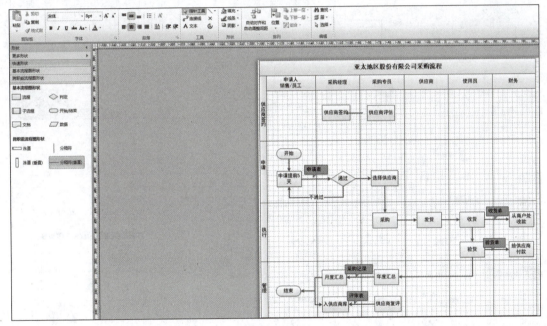

图 5-5-1

步骤 1：打开 Visio 软件。

步骤 2：单击"文件"→"新建"→"流程图"，如图 5-5-2 所示。

步骤 3：在"流程图"界面选择"跨职能流程图"，单击"创建"按钮，如图 5-5-3 所示。

步骤 4：进入"跨职能流程图"的绘图界面，会弹出"跨职能流程图"对话框，进行选择并单击"确定"按钮，如图 5-5-4 所示。

步骤 5：将"基本流程图形状"界面中的"泳道（垂直）"拖到绘图页面，如图 5-5-5 所示。

步骤 6：在绘图页中添加 5 个"泳道（垂直）"，当把指针放在某个泳道左上角时，会显示一个下拉按钮，可插入"泳道（垂直）"形状。绘制结果如图 5-5-6 所示。

步骤 7：插入分隔符，如图 5-5-7 所示。

步骤 8：输入标题，宋体，字号为 18 pt，居中，如图 5-5-8 所示。

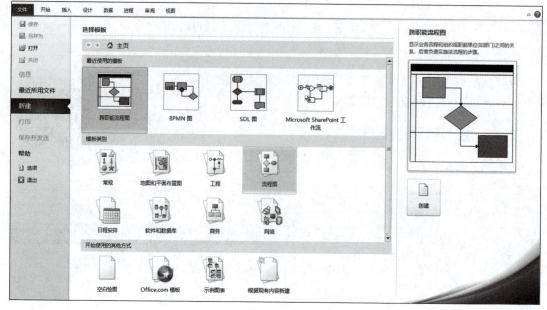

图 5-5-2

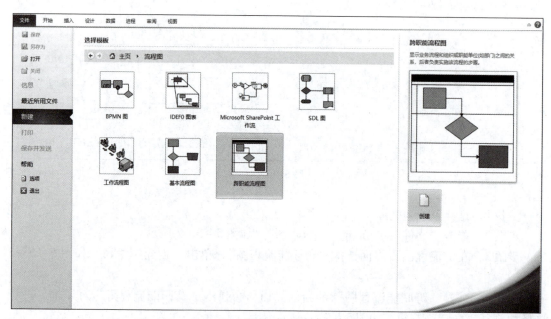

图 5-5-3

项目五 流程图

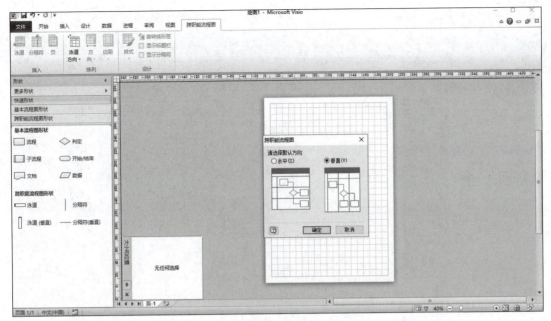

图 5-5-4

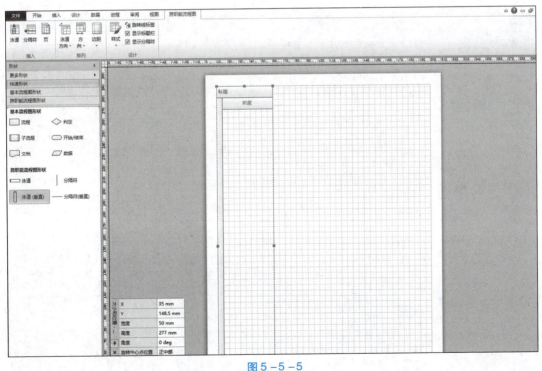

图 5-5-5

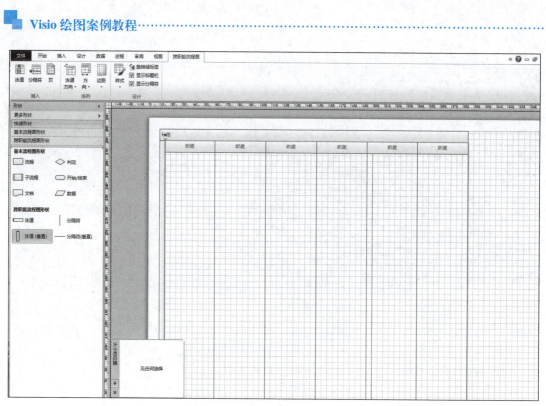

图 5-5-6

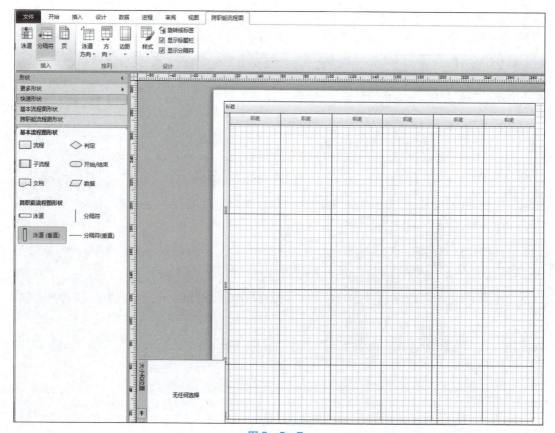

图 5-5-7

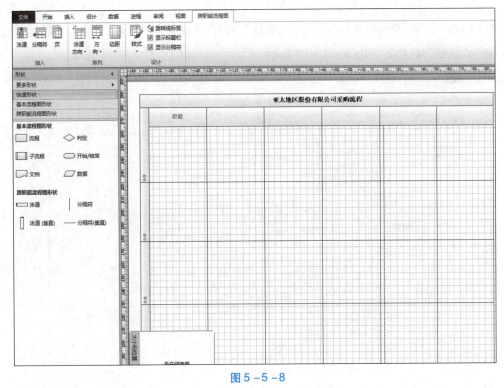

图 5-5-8

步骤9：在"泳道"中输入文字，黑体，字号为 14 pt，居中。选择"文本框"→"垂直文本框"，输入列标题，如图 5-5-9 所示。

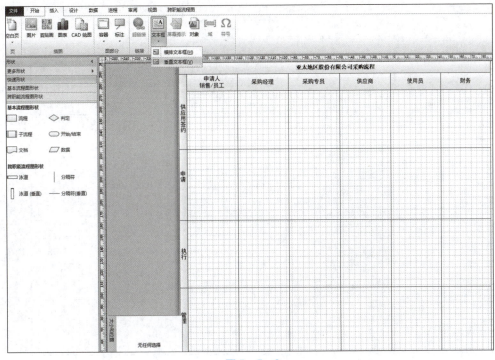

图 5-5-9

步骤10：将"基本流程图形状"中的"流程"拖到绘图页面，输入相应文字，黑体，字号为14 pt，并用 连接线 连接。单击"形状"中的"线条"→"线条选项"，设置粗细为"2% pt"，颜色为红色，如图5-5-10所示。

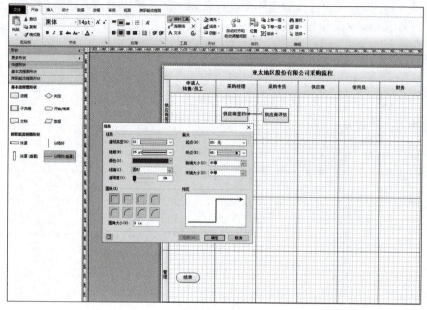

图 5-5-10

步骤11：将"基本流程图形状"中的"开始/结束"拖到绘图页面，输入相应文字，黑体，字号为14 pt，如图5-5-11所示。

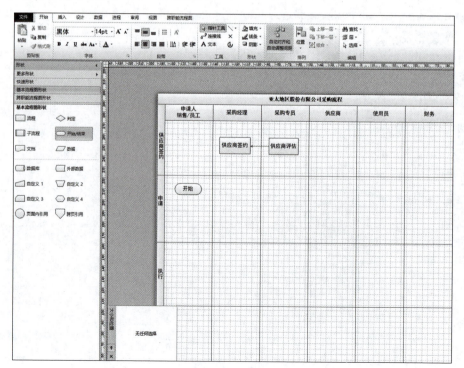

图 5-5-11

步骤12：将"基本流程图形状"中的"流程"拖到绘图页面，输入相应文字，黑体，字号为 14 pt，如图 5–5–12 所示。

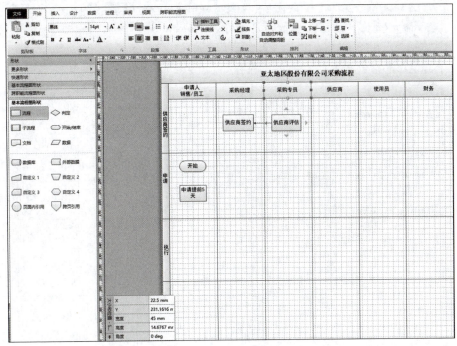

图 5–5–12

步骤13：将"基本流程图形状"中的"判定""流程"拖到绘图页面，输入相应文字，黑体，字号为 14 pt，如图 5–5–13 所示。

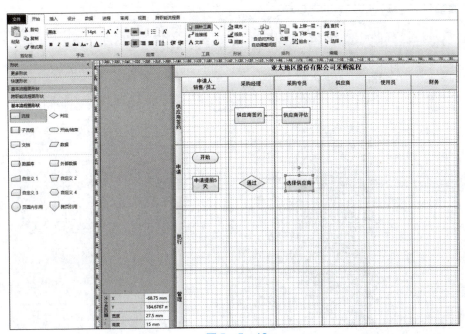

图 5–5–13

步骤14：将"基本流程图形状"中的"流程"拖到绘图页面，如图5-5-14所示。

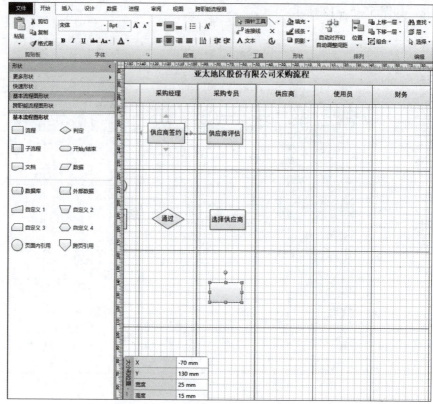

图5-5-14

步骤15：复制"流程"形状，如图5-5-15所示。

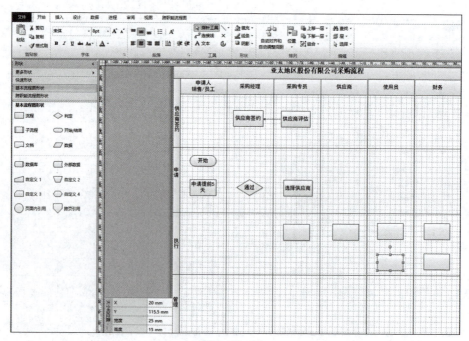

图5-5-15

步骤16：输入相应文字，黑体，字号为14 pt，如图5–5–16所示。

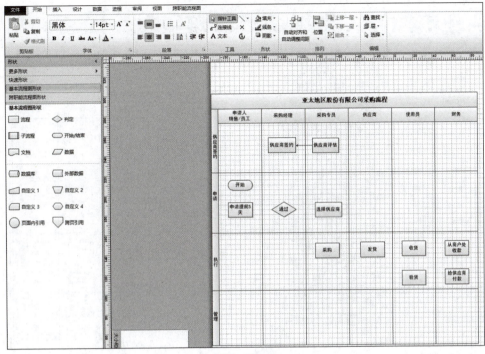

图5–5–16

步骤17：将"基本流程图形状"中的"开始/结束"拖到绘图页面，输入相应文字，黑体，字号为14 pt，如图5–5–17所示。

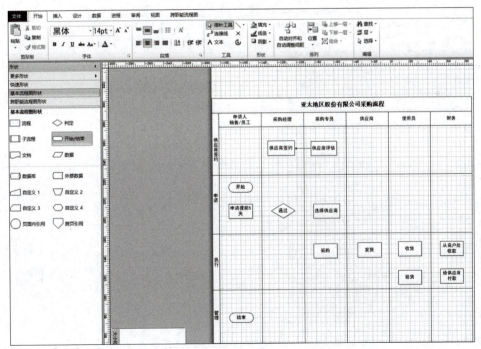

图5–5–17

步骤18：将"基本流程图形状"中的"流程"拖到绘图页面，如图5-5-18所示。

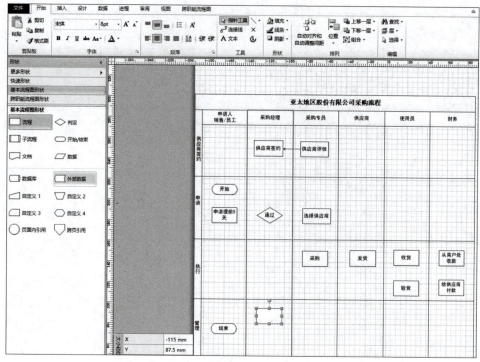

图5-5-18

步骤19：复制"流程"形状，如图5-5-19所示。

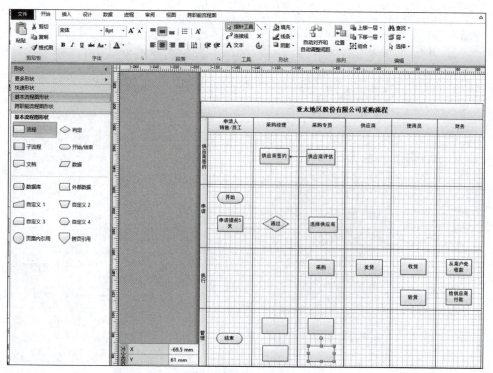

图5-5-19

项目五 流程图

步骤20：输入相应内容，黑体，字号为14 pt，并调整大小，如图5-5-20所示。

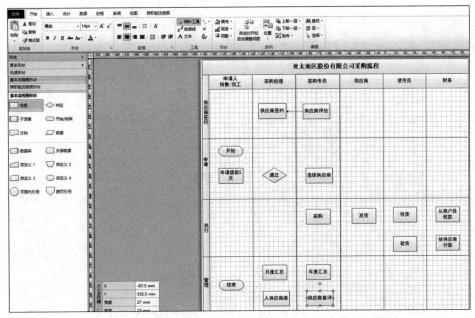

图5-5-20

步骤21：用 连接线 进行连接。单击"形状"→"线条"→"线条选项"，设置线条粗细为"2¼ pt"，颜色为红色，单击"应用"和"确定"按钮，如图5-5-21所示。

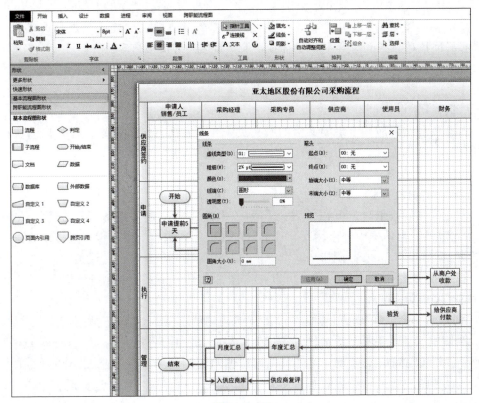

图5-5-21

步骤22：插入标注，黑体，字号为14 pt。最终效果如图5-5-22所示。

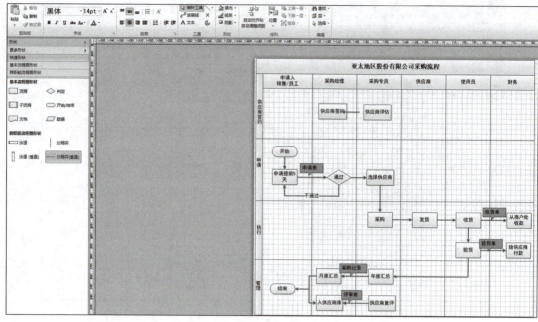

图5-5-22

项目小结

通过"流程图"模板中几个案例的学习，可以使读者快速创建各种流程图文档。读者可以根据实际情况"举一反三"强化练习，绘制出需要的图形内容。

项目习题

一、选择题

1. 如果要将主题应用于绘图文档的所有页中，可右击选定的主题，在弹出的快捷菜单中选择（　　）选项。

　　A. 应用于所有页　　　　　　　　B. 应用于当前页
　　C. 添加到快捷访问工具栏　　　　D. 重新排序页

2. 自定义主题效果时，可在"效果"列表中选择"新建主题效果"选项，在打开的"新建主题效果"对话框中进行设置。其中，在（　　）选项卡中可设置连接线的样式。

　　A. 填充　　　B. 阴影　　　C. 连接线　　　D. 线条

3. 在Visio文档中插入图片后，可以在"图片工具-格式"选项卡的（　　）组中调整图片的亮度、对比度和色调等。

　　A. 调整　　　B. 图片样式　　　C. 排列　　　D. 插图

4. 当使用"剪裁工具"更改图片的边框大小时，图片自身的大小并不调整，但图片的可见部分会相应地缩小或扩大。此时可以通过删除图片的剪裁区域来缩小图像的大小。为此，在"设置图片格式"对话框的"压缩"选项卡选中（　　）复选框后，单击"确定"按钮即可。

A. 删除图片的剪裁区域　　　　　　B. 删除图片
C. 垂直翻转　　　　　　　　　　　D. 水平翻转

5. 在 Visio 文档中插入图片后，如果要去除图片中的斑点，可以在"设置图片格式"对话框"图像控制"选项卡的（　　）设置区中进行设置。

A. 平衡　　　　B. 效果　　　　C. 虚化　　　　D. 去除杂色

二、填空题

1. Visio 2010 的主题包含_____和_____两部分，用户可以按照任意组合来混合和匹配它们。

2. 如果要删除所有形状的当前主题颜色或主题效果，可在"主题"列表中选择_____选项。

3. 如果要防止主题影响形状，在选择形状后，在"开发工具"选项卡的"形状设计"组中单击"保护"按钮，打开"保护"对话框，再在对话框中选中_____和_____复选框，并单击"确定"按钮即可。

4. 在"设置图片格式"对话框中设置图片的透明度时，0% 表示_____，100% 表示_____。

5. 如果要设置图片边框的圆角样式和圆角大小，可在"线条"对话框的_____设置区中选择一种样式后，在其下方设置圆角的大小。

三、操作题

1. 绘制如图 1 所示的图案（素材在网络上自行下载）。

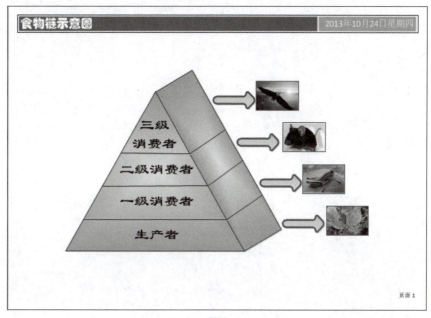

图 1

2. 绘制如图 2 所示的图案。

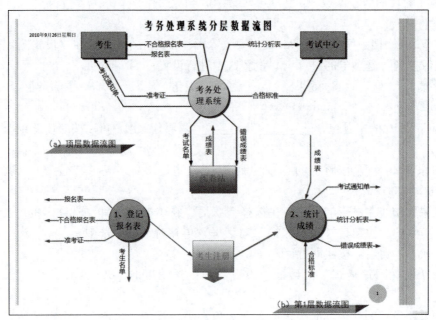

图 2

项目六

日程安排

Visio 的日程安排模板下有 PERT 图表、甘特图、日程表、日历 4 个子模板。

单元一 PERT 图表

PERT 图表用于创建项目或单元管理的 PERT 图表、日程、时间表、议程、单元分解结构、统筹方法、项目周期、目标设定和日程表。

案例 绘制项目计划图表

绘制项目计划图表,如图 6-1-1 所示。

PERT 图表

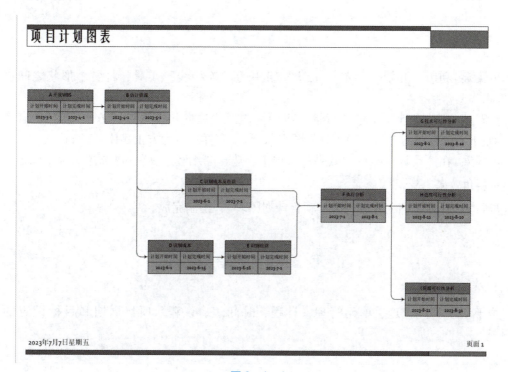

图 6-1-1

步骤1：新建"日程安排"→"PERT图表"双击打开绘图文档。

步骤2：选择"设计"菜单，在"背景"中，更改背景为"实心"模式。

步骤3：在"PERT图表"形状中，将"PERT2"形状拖曳到绘图区。单击"文本"按钮，更改相应的文字内容，如图6-1-2所示。

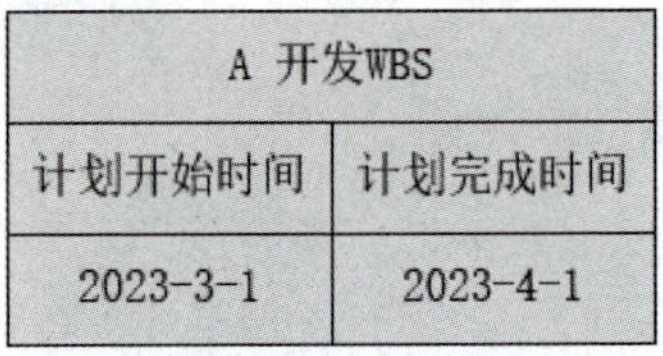

步骤4：用同样的方法拖曳"PERT2"形状，更改文字内容，并摆放好，如图6-1-3所示。

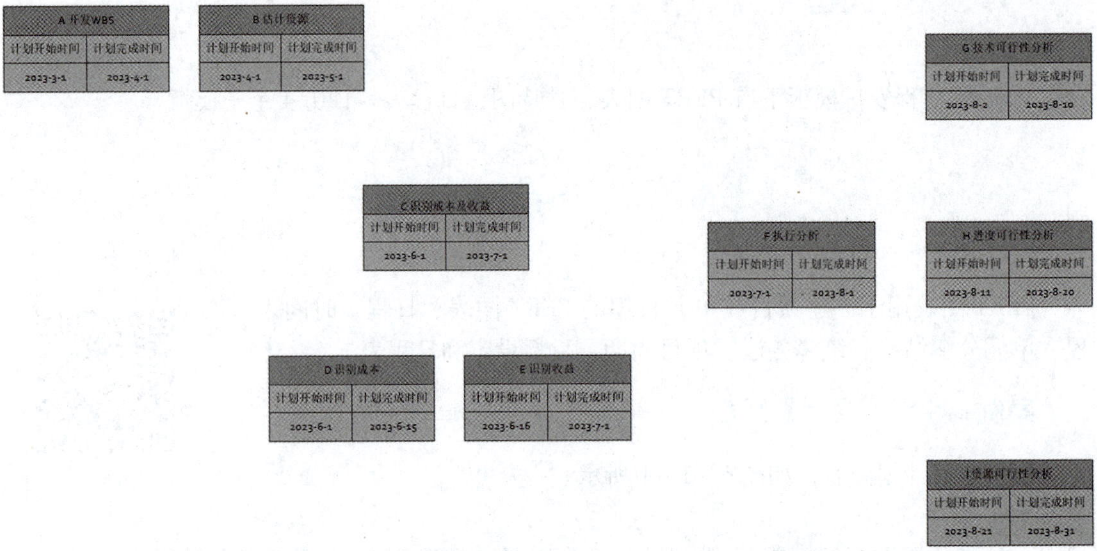

图6-1-2

图6-1-3

步骤5：利用"开始"菜单"工具"组中的"连接线"工具，将各个形状之间进行连接。

步骤6：在"设计"菜单"背景"组中，选择"边框和标题"→"方块"，在"背景-1"标签下更改标题内容为"项目计划图表"，将文字样式改为方正姚体、24 pt。

步骤7：在"设计"菜单"效果"选项中，选择"细竖条纹"，再选择"都市颜色，突出显示斜角效果"。

步骤8：保存文档，并命名为"项目计划图表"，绘制完成。

单元二　甘特图

用于创建项目管理、单元管理、日程、时间表、议程、项目周期和目标设定的甘特图。

案例 绘制教学工作计划表

利用甘特图模板绘制教学工作计划表，如图6-2-1所示。

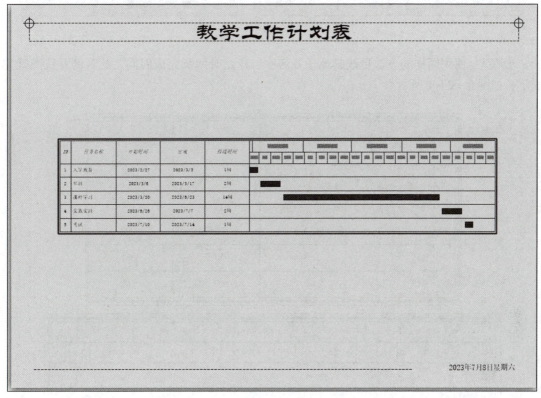

图6-2-1

步骤1：选择"日程安排"→"甘特图"模板，双击，新建一个"甘特图"，设置任务数目为5，持续时间选项为周，设置开始日期和完成日期，设置时间单位，如图6-2-2所示。

图6-2-2

甘特图

步骤2：单击单元文本处，输入任务名称，单击"开始时间"和"完成"，输入任务的开始时间和完成时间。系统将自动计算出"持续时间"，并在后面的日期中用蓝色的线条显示，如图6-2-3所示。

图 6-2-3

步骤3：使用同样的方法更改其他任务名称、开始时间及完成时间，此时的甘特图就完成了，如图6-2-4所示。

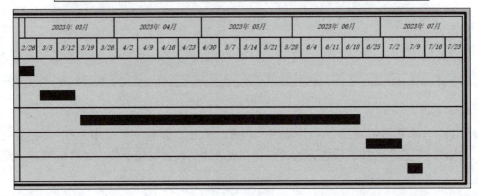

图 6-2-4

步骤4：在"设计"菜单的"背景"组中，更改背景样式为"世界"。选择"强调文字颜色1，淡色80%"，如图6-2-5所示。

步骤5：在"背景"组中添加"边框和标题"，选择"注册"样式，如图6-2-6所示。

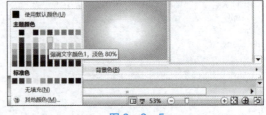

图 6-2-5

步骤6：在"背景-1"标签下更改标题内容。单击标题位置，输入"教学工作计划表"，设置字体样式为"华文隶书"，字号为"36 pt"。

步骤7：调整甘特图的位置，保存文档。

项目六　日程安排

图 6-2-6

单元三　日程表

用于创建带里程碑和间隔标记的线形日程表。

案例　绘制事业单位考试时间安排表

利用日程安排中的"日程表"模板,绘制事业单位考试时间安排表,如图 6-3-1 所示。

日程表

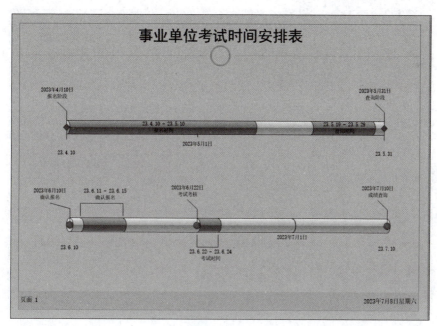

图 6-3-1

步骤1：选择"日程安排"→"日程表"模板，双击，打开绘图文档。

步骤2：在"设计"菜单下选择"背景"组中选择"实心"背景，单击"背景"下拉按钮，选择"背景色"，设置背景颜色为"线条，淡色80%"，如图6-3-2所示。

步骤3：将"日程表形状"窗格中的"块状日程表"拖曳到绘图区中的适当位置，在弹出的"配置日程表"对话框中编辑时间段和时间格式，然后单击"确定"按钮，如图6-3-3所示。

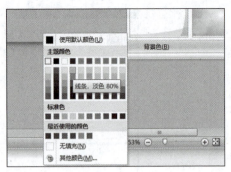

图6-3-2

图6-3-3

步骤4：将"日程表形状"窗格中的"圆柱形日程表"拖曳到绘图区中的适当位置，在弹出的"配置日程表"对话框中，编辑时间段开始时间为"2023.6.10"，结束时间为"2023.7.10"。时间格式和前面一样，然后单击"确定"按钮，如图6-3-4所示。

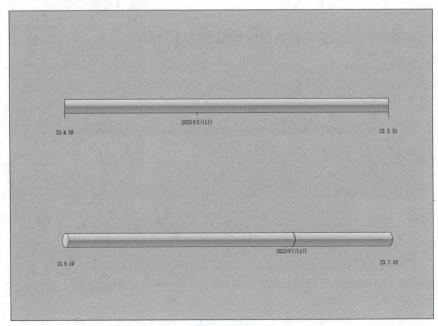

图6-3-4

步骤5：将"日程表形状"窗格中的"菱形里程碑"形状拖曳到第一个日程表形状上，并在弹出的对话框中设置日期和说明文字。用同样的方法添加里程碑"查询阶段"，如图6-3-5所示。

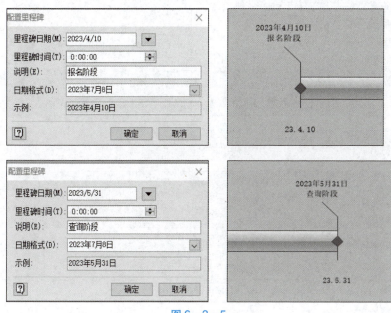

图6-3-5

步骤6：将"日程表形状"窗格中的"圆柱形间隔"形状拖曳到第一个日程表形状上，在弹出的"配置间隔"对话框中设置间隔的开始日期、完成日期，编辑好说明，单击"确定"按钮，如图6-3-6所示。

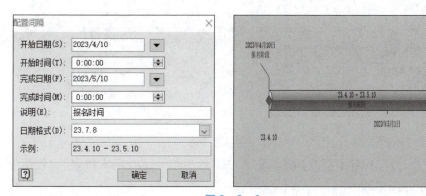

图6-3-6

步骤7：继续用同样的方法添加另一个"圆柱形间隔"，如图6-3-7所示。

步骤8：将"日程表形状"窗格中的"圆形里程碑"形状拖曳到第二个日程表形状上，效果如图6-3-8所示。

步骤9：将"圆柱形间隔"形状拖曳到第二个日程表形状上，并调整黄色菱形控制点到适当位置。设置好考试时间段，如图6-3-9所示。

步骤10：在"设计"菜单"背景"组中单击"边框和标题"下拉按钮，选择"市镇"

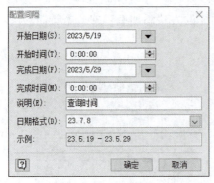
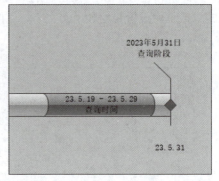

图 6-3-7

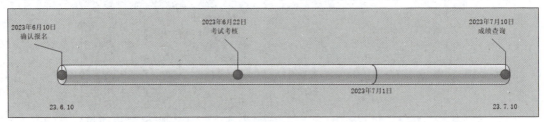

图 6-3-8

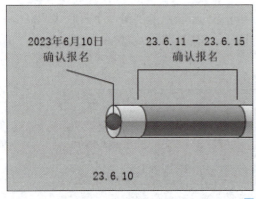
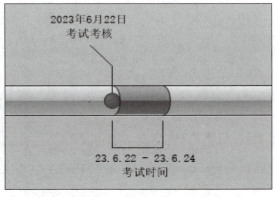

图 6-3-9

效果，在"背景-1"标签下更改标题名称为"事业单位考试时间安排表"。设置字体样式为"黑体"，字号为"30 pt"。

单元四 日　历

用于创建日、周、多周、月和年的日历，并定义其格式使用事件形状、约会形状和各种艺术形状，为日历添加批注。

案例　绘制七月份学习安排日历

利用日历模板绘制七月份学习安排日历，如图 6-4-1 所示。

步骤1：选择"日程安排"→"日历"模板，双击，新建一个"日历"。

步骤2：将"日历形状"中的"月"形状拖曳到绘图区，在弹出的"配置"对话框中，设置月为七月，其他属性为默认，然后单击"确定"按钮，如图 6-4-2 所示。

日历

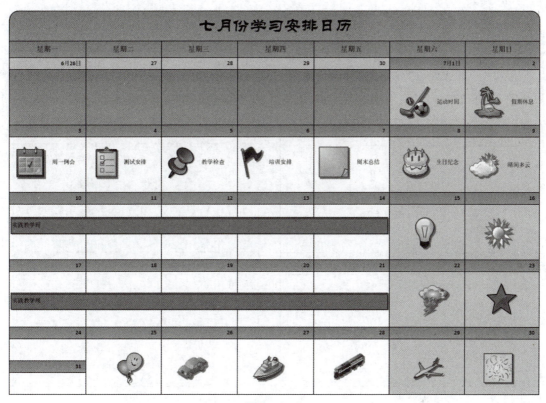

图 6-4-1

图 6-4-2

步骤3：将"形状"窗格下的"多日事件"形状拖曳到日历中，弹出"配置"对话框，填写配置主题开始日期和结束日期，然后单击"确定"按钮。使用同样的操作设置第二个"多日事件"形状，如图 6-4-3 所示。

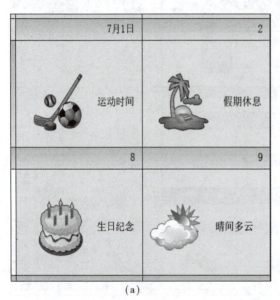

图 6-4-3

步骤4：将"运动""假期""生日""晴间多云"形状拖曳到对应的日期框中，每次拖曳一个形状后，单击"工具"组中的"文本"按钮，更改文字内容分别为"运动时间""假期休息""生日纪念""晴间多云"，调整形状到适当位置，如图6-4-4（a）所示。

步骤5：将"构思""晴天""暴风雨""星星标签"形状拖曳到相应的日期框中，调整形状到适当位置。

图 6-4-4

步骤6：用同样的方法在其他日期的位置添加形状并输入文本内容，形状分别为"会议""单元""图钉""注意""便笺"等，输入相应文字内容，如图6-4-5所示。

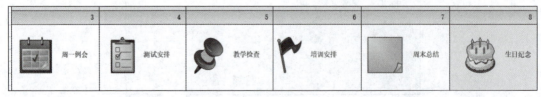

图 6-4-5

步骤7：将"特殊事件""汽车""轮船""火车""飞机""庆祝"等形状拖曳到日历的相应日期中。选中所有图形，并单击"开始"菜单下的"排列"组中单击"位置"下拉按钮，选择"垂直居中"，以便把图形形状对齐。

步骤8：在"设计"菜单下单击"主题"下拉按钮，选择"溪流颜色，简单阴影效果"，为绘图文档添加主题，如图6-4-6所示。

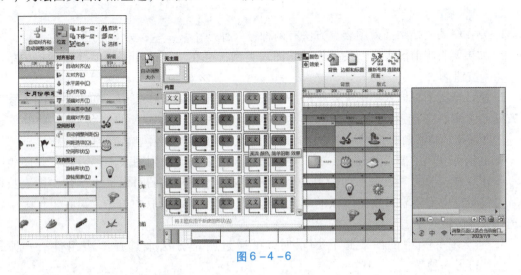

图6-4-6

步骤9：单击日历的标题位置，更改文字内容为"七月份学习安排日历"，单击"开始"菜单中更改文字的样式为"华文隶书"，字号为"24 pt"。鼠标单击空白处，再次单击Visio界面右下角的"调整页面以适当大小"显示，然后保存文档。

项目小结

通过"日程安排"模板中的几个案例，分别介绍了绘制相应图形的方法，读者可以根据实际情况对日程安排图表进行设计。

项目习题

一、选择题

1. 在绘图文档中插入图表后，如果要调整图表的高度或宽度，可以拖动图表（　　）上的控制点；如果要调整整个图表的高度和宽度，可以拖动图表四个角上的控制点。

  A. 四周边线 B. 左边框线 C. 四个角 D. 上边框线

2. 如果要调整图表在工作表中的位置，可以将鼠标指针移到图表的边框线上，待鼠标指针变成（　　）箭头形状时，按下鼠标左键并拖动，到合适位置后释放鼠标左键即可。

  A. 十字 B. 上下 C. 左右 D. 单向

3. 默认情况下，Visio只能插入系统默认的（　　）。若要更改图表类型，可在"图表工具-设计"选项卡的"类型"组中单击"更改图表类型"按钮，打开"更改图表类型"对话框，在其中选择图表类型即可。

  A. 折线图 B. 柱形图 C. 条形图 D. 饼图

4. 在Visio 2010为用户提供的图表类型中，柱形图和（　　）适用于比较或显示数据之间的差异。

  A. 折线图 B. 条形图 C. 饼图 D. 面积图

5. 在绘图文档中插入图表后，如果要对图表的某个组件快速设置格式，可选中图表组件后，在（　　）选项卡的"形状样式"组中进行设置。

A. 图表工具 – 格式　　　　　B. 图表工具 – 设计
C. 图表工具 – 布局　　　　　D. 图片工具 – 格式

二、填空题

1. 要在绘图文档中插入图表，方法有两种：一种是_____；另一种是_____。

2. 如果要将当前图表类型设置为默认图表类型，可在"更改图表类型"对话框中单击_____按钮。

3. 默认情况下，插入绘图文档中的图表被放置在单独的工作表中。如果要将图表移动到数据工作表，则选择图表后，在"图表工具 – 设计"选项卡的"位置"组中单击_____按钮，再在打开的对话框中选择图表的放置位置并单击"确定"按钮。

4. 在绘图文档中插入图表后，如果要将新添加的数据反映到图表中，需要在"图表工具 – 设计"选项卡的"数据"组中单击_____按钮，在打开的对话框中，在"图表数据区域"编辑框中重新输入数据区域的单元格地址，或在该编辑框中单击，再在工作表中重新选择数据区域并单击"确定"按钮即可。

5. 对绘图文档中的图表进行编辑时，可通过两种方法来选择图表组件：一种是_____；另一种是_____。

三、操作题

1. 绘制如图1所示的"通用型薪酬构成、比例图"。图表见表1。

表1

名称	百分比
基本工资	68
年龄工资	7
涨幅工资	3
绩效工资	8
加班工资	5
福利工资	9

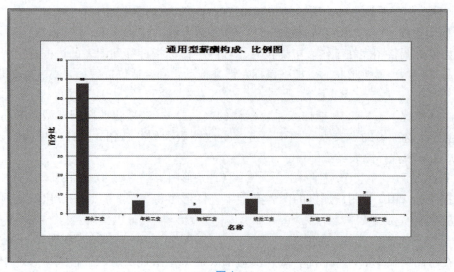

图1

2. 绘制如图 2 所示的"工作进度图"。

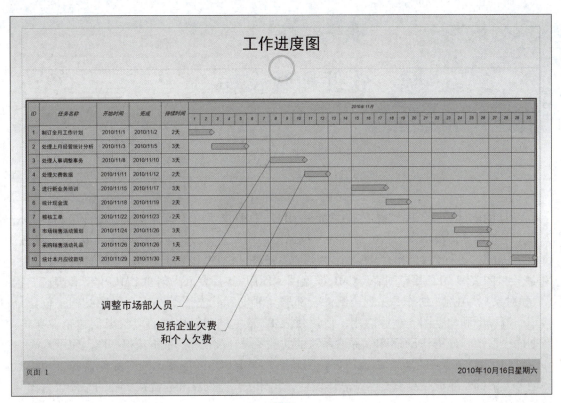

图 2

项目七
软件和数据库

Visio 的软件和数据库模板下有 COM 和 OLE、UML 模型图、程序结构、企业应用、数据库模型图、数据流模型图、数据流图表、网站图、网站总体设计、线框图表共 10 个子模板。COM 和 OLE，在面向对象的程序设计中创建系统图、COM 和 OLE 图表，或公共接口图表、COM 接口图表和 OLE 接口图表。UML 模型图，使用 UML 表示法创建 UML 模型和静态结构（类和对象）、用例、协作、序列、组件、部署、活动和状态图等图表。程序结构，创建结构图、流程图和内存图。企业应用，使用代表 PC、主机和架构层的形状来创建企业架构。数据库模型图，使用 IDEF1X 和关系表示法的文档及设计数据库。数据流模型图，使用 Gane – Sarson（DFD）表示法创建数据流图表。网站图，为 HTTP 服务器、网络服务器和本地硬盘驱动器上的网站生成站点图。网站总体设计，设计主页、网站和超链接文档的总体设计图与高级架构。

单元一　数据流图表

数据流图表用于创建数据流图表、结构化分析图、信息流图表、面向流程的图表、面向数据的图表和数据流程图。

案例　绘制网站访问数据流图表

绘制网站访问数据流图表，如图 7-1-1 所示。

步骤 1：选择"软件和数据库"模板中的"数据流图表"，双击，或者单击右侧的"创建"按钮。

数据流图表

步骤 2：在"设计"菜单下选择"页面设置"，设置"纸张方向"为"横向"。

步骤 3：在"设计"菜单下的"背景"组中设置背景样式为"实心"。

步骤 4：将"数据流图表形状"中的"外部交互方"形状（图 7-1-2）拖曳到绘图区适当位置，双击形状，更改文字内容为"用户"，更改文字样式为"宋体"，文字大小为"12 pt"，并填充为"橙色"。

步骤 5：将"数据流程"形状依次拖曳到绘图区，更改图形形状中的文字内容，填充形状颜色为"强调文字颜色 5，淡色 60%"，如图 7-1-3 所示。

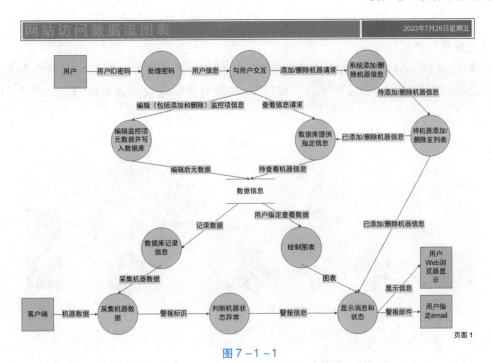

图 7-1-1

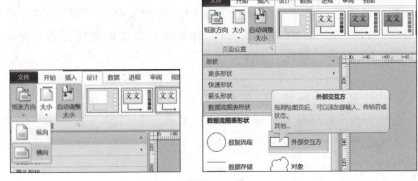

图 7-1-2

图 7-1-3

步骤6：将"数据流图表形状"中的"数据存储"形状拖曳到绘图区适当位置，单击"工具"组中的"文本"按钮，更改数据存储形状的文字内容为"数据信息"。

步骤7：同步骤5，将其余的"数据流程"形状拖曳到绘图区，并更改形状内的文字内容，填充颜色，调整位置。

步骤8：同步骤4，将"数据流图表形状"中的"外部交互方"形状拖曳到绘图区适当位置，并更改文字内容，填充颜色为"橙色"。将所有形状调整到适当位置，如图7-1-4所示。

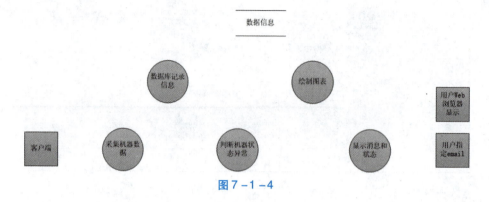

图7-1-4

步骤9：将"数据流图表形状"中的"动态连接线"形状依次拖曳到绘图区，并双击"动态连接线"形状，更改连接线上的说明文字。如果连接线显示的是"直角连接线"效果，那么右击，选择"直线连接线"，更改连接线的显示效果，如图7-1-5所示。

步骤10：在"设计"菜单下的"背景"组中，添加文档的"边框和标题"为"平铺"，来美化图标的显示效果。在"背景-1"标签下，更改标题内容为"网站访问数据流图表"。文字样式为楷体，加粗，字体大小为24 pt，文字颜色为"强调文字颜色2，淡色40%"。

步骤11：单击"页-1"标签，显示形状效果。为了美化图形，可以在"设计"菜单中的"主题"组中更改主题样式为"至点 颜色，柔和光线 效果"，如图7-1-6所示。保存绘图文档，完成绘制。

图7-1-5

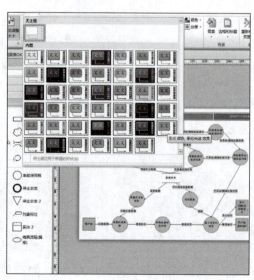

图7-1-6

项目七 软件和数据库

单元二 线框图表

线框图表

线框图表用于为软件应用程序的原型制作和设计创建中等保真线框图表。

案例 绘制微信聊天界面图

绘制微信聊天界面图,如图 7-2-1 所示。

图 7-2-1

步骤1:选择"软件和数据库"模板中的"线框图表",双击图标,或单击右侧的"创建"按钮。

步骤2:在"设计"菜单下选择"页面设置",设置"纸张方向"为"横向"。

步骤3:将"对话框"形状窗格中的"应用程序窗体"形状拖曳到绘图区,调整大小。双击标题,改为"微信"。将"应用对话框按钮"形状拖曳到"应用程序窗体"上,在弹出的"形状数据"对话框中,选择"关闭"选项,单击"确定"按钮,如图 7-2-2 所示。

步骤4:将"通用图标"形状窗格中的"配置"形状拖曳到绘图区,并调整形状的大小和位置。

步骤5:插入本地电脑中素材图片 3,放置到"应用程序窗体"上,调整大小和位置,如图 7-2-3 所示。

图7-2-2

图7-2-3

步骤6：单击"开始"菜单的"工具"组中选择"文本"，在"应用程序窗体"形状的适当位置添加文本"请使用微信扫一扫以登录"。

步骤7：单击"工具"组中的"指针工具"，恢复待绘制状态，选中"应用程序窗体"形状，单击"开始"菜单"形状"组中单击"填充"下拉按钮，选择填充颜色为"填充，淡色60%"。

步骤8：使用同样的操作完成下一个图形的绘制，如图7-2-4所示。

步骤9：在"对话框"形状窗格中，将"面板"形状拖曳到绘图区。调整大小。

步骤10：在"对话框"形状窗格中，将"面板"形状拖曳到绘图区。调整大小和位置，并填充颜色为"背景，深色50%"。

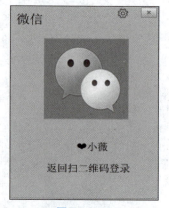

图7-2-4

步骤11：在"工具栏"形状窗格中，选择"视图选项"形状，放置到"面板"形状的最下部。调整大小。

步骤12：在"Web和媒体图标"形状窗格中，选择"联系人""聊天""收藏夹"形状，放置到"面板"形状的适当位置。

步骤13：在"对话框"形状窗格中，将"面板"形状拖曳到绘图区。调整大小和位置，并填充颜色为"白色，深色15%"。

步骤14：将"控件"组中的"文本框"形状拖曳"面板"上，双击"文本框"，将文字改为"搜索"。

步骤15：在"Web和媒体图标"形状窗格中，将"搜索"形状拖曳到"文本框"形状的右侧。调整大小。

步骤16：将"控件"形状窗格中的"V形"形状拖曳到"搜索"形状的右侧。调整大小。

步骤17：在"对话框"形状窗格中，将"面板"形状拖曳到绘图区。调整大小和位置，并填充颜色为"背景，深色5%"。在"工具"组中，单击"文本"按钮，在"面板"中输入文本内容为"工作群组（88）"。

在"对话框"形状窗格中,将"对话框"形状分三次拖曳到"面板"形状中,在弹出的对话框中,分别选择"最小化""最大化""关闭",如图7-2-5所示。

再将"对话框"形状窗格中的"问题图标"拖曳到"面板"形状上,调整大小和位置。

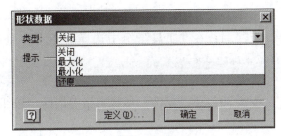

图7-2-5

步骤18:在"对话框"形状窗格中,将"面板"形状拖曳到绘图区。调整大小和位置,并填充颜色为"背景,深色5%"。

步骤19:单击"插入"菜单"插图"组中的"剪贴画",在绘图区的右侧单击"搜索"按钮,找到一个图片并单击,将图片插入绘图区。然后调整图片大小和位置。

单击"工具"组中的"文本"按钮,在图片右侧的适当位置输入文本内容为"张老师"。

步骤20:在"控件"组中,将"文本框"形状拖曳到"面板"形状中,并输入文字。最后,在"形状"组的"线条"下拉列表选择"无线条"。

步骤21:同样,再设计一条留言,如图7-2-6所示。

步骤22:将"工具栏""剪切""打开""对话框""信息图标""Web和媒体图标""历史记录""RSS""链接"形状拖曳到绘图区,并调整大小。将所有的形状选中以后,在"排列"组的"位置"下拉列表中选择"顶端对齐",将形状对齐,如图7-2-7所示。

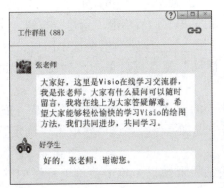

图7-2-6

图7-2-7

步骤23：添加背景、颜色、标题。

步骤24：在"工具"组中选择"矩形"列表中的"折线图"，并将线条颜色设置为"背景，深色5%"。

步骤25：在"光标"形状窗格中选择"选择"形状，拖曳到绘图区适当位置。

步骤26：在"控件"形状窗格中选择"按钮"形状，双击，输入文字"发送（S）"。

项目小结

通过"软件和数据库"模板中的几个案例，介绍了绘制相应图形的方法，读者可以进一步熟悉掌握软件的使用方法，能够端正学习态度，认真绘制图形，更好的美化图形效果，根据实际情况绘制出需要的图形内容。

项目习题

一、选择题

1. 如果要在打印绘图文档时将图层的内容打印出来，可以在"图层属性"对话框选中图层右侧的（　　）复选框。

　　A. 可见　　　　　　B. 打印　　　　　　C. 活动　　　　　　D. 锁定

2. 在绘图文档中可以新建（　　）个层。

　　A. 1　　　　　　　B. 2　　　　　　　　C. 3　　　　　　　　D. 多个

3. 创建图层后，可对其进行编辑操作。下列选项中，说法错误的是（　　）。

　　A. 禁止更改名称　　　　　　　　　　　B. 可设置图层的颜色

　　C. 可设置图层的透明度　　　　　　　　D. 可删除图层

4. 如果要设置公式的字符样式，如加粗、倾斜等属性，可在公式编辑器窗口中单击菜单工具栏中的"样式"按钮，在展开的列表中选择（　　）选项，再在打开的对话框中进行设置。

　　A. 定义　　　　　　B. 文字　　　　　　C. 函数　　　　　　D. 变量

5. 默认情况下，变量和小写希腊字母的字形为斜体，矩阵向量的字形为（　　）。

　　A. 斜体　　　　　　B. 粗体　　　　　　C. 正体　　　　　　D. 宋体

二、填空题

1. 要在绘图文档中创建层，可单击"开始"选项卡的"编辑"组中单击"层"按钮，在展开的列表中选择＿＿＿＿＿＿选项，打开"图层属性"对话框，然后单击"新建"按钮。

2. 如果要为图层中的形状等设置统一的颜色，可以在＿＿＿＿＿＿对话框中选中图层，然后在"图层颜色"下拉列表中选择一种颜色，选中"活动"复选框后单击"确定"按钮即可。

3. 要在绘图文档中插入公式，可在"插入"选项卡的"文本"组中单击"对象"按钮，打开"插入对象"对话框，在"对象类型"列表中选择＿＿＿＿＿＿选项并单击"确定"按钮即可。

4. 如果要设置公式中字母之间的距离，可在公式编辑器窗口中单击菜单工具栏中的"格式"按钮，在展开的列表中选择＿＿＿＿＿＿选项，在打开的对话框中进行设置。

5. 在绘图文档中输入公式后，如果字符之间的距离太大或太小，可将插入符置于要调整间距的位置，然后单击_____模板，在展开的列表中选择相应间距符号选项即可。

三、操作题

绘制如图 1 所示的"网站结构图"。

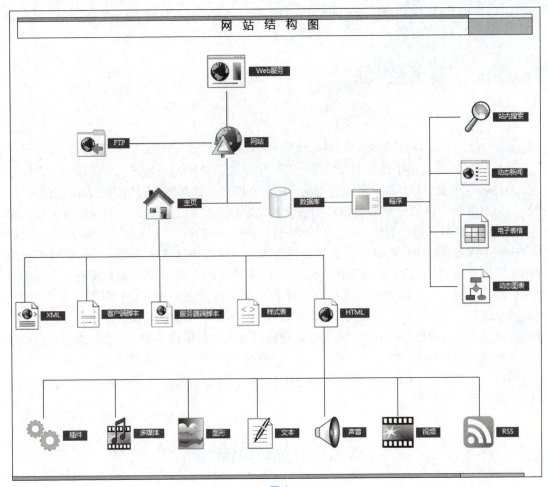

图 1

项目八

商务图

Visio 的商务模板下有 EPC 图表、ITIL 图、TQM 图、故障树分析图、价值流图、灵感触发图、6 sigma 图表、审计图、数据透视图、图表和图形、因果图、营销图标、组织结构图、组织结构图向导共 14 个子模板。EPC 图表，创建事件驱动的流程链（EPC）图表，以展示业务流程。ITIL 图，创建 ITIL 图表，以便基于 IT 基础设施库（ITIL）标准记录 IT 服务流程管理中使用的最佳做法。TQM 图，为业务流程重建、全面质量管理（TQM）和持续改进创建因果、自上而下及跨职能的流程图。6 sigma 图表展示 6 sigma 和 ISO 9000 流程。故障树分析图，创建"故障树"图表，以展示业务流程。审计图，创建用于会计核算、财务管理、财政信息跟踪、资金管理、决策流程和财务库存的审计图。数据透视图，使用自己的数据自动创建分层图；将数据进行分组和汇总，以便进行可视化分析和呈现。图表和图形，包括用于财务报表和销售报表、损益表、预算、统计分析、会计单元、市场预测、年度报表的图表和图形形状。因果图，创建一个因果图（也称为鱼骨图或石川图），系统地评价可能影响或导致特定情况的因素。

单元一　价值流图

创建价值流图来阐明精益化制造流程中的物流和信息。

案例　绘制商品价值流图

绘制商品价值流图，如图 8-1-1 所示。

步骤 1：选择"新建"→"商务"→"价值流图"，双击，或者单击"创建"按钮创建绘图文档。

步骤 2：选择"设计"菜单"背景"组中的"实心"背景，并将背景颜色更改为"强调文字颜色 4，淡色 60%"，如图 8-1-2 所示。

步骤 3：将"价值流图形状"窗格中的"客户/供应商"形状拖曳到绘图区适当位置，双击，输入文本内容为"商品供应商"。在"形状"组中单击"填充"下拉按钮，选择填充颜色为"黄色"。使用同样方法绘制出"客户"形状，放到绘图区的适当位置。填充形状颜色为"强调文字颜色 5，深色 25%"。

价值流图

项目八　商务图

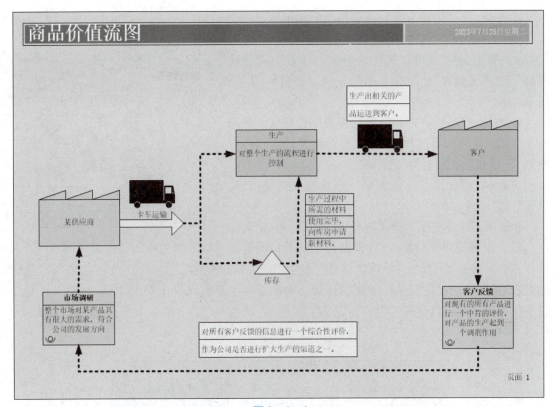

图 8-1-1

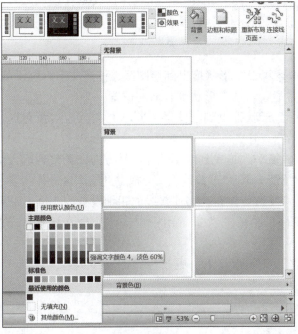

图 8-1-2

步骤4：将"运输卡车"形状拖曳到绘图区适当位置，单击"工具"组中的"文本"，输入文字内容"运输卡车"。在"排列"组中，单击"位置"→"旋转形状"→"水平翻转"，更改卡车的方向，如图8-1-3所示。

步骤5：将"生产控制"形状拖曳到绘图区，单击形状，输入文字内容"生产""对整个生产的流程进行控制"。填充形状颜色为"浅绿"。

步骤6：再次将"运输卡车"形状拖曳到绘图区。设置好方向。

步骤7：将"流程"形状拖曳到绘图区，并输入文字内容"市场调研""整个市场对某产品具有很大的需求，符合公司的发展方向"。再次拖曳"流程"形状到绘图区，输入文字内容"客户反馈""对现有的所有产品进行一个中肯的评价，对产品的生产起到一个调剂作用"。将上标题设置字体加粗。设置填充颜色为"强调文字颜色3，淡色40%"。字体大小为12 pt，如图8-1-4所示。

图8-1-3

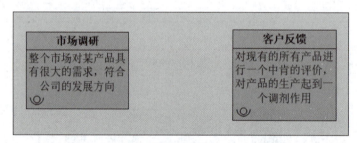

图8-1-4

步骤8：将"模拟运算表"形状拖曳到绘图区，按照文字内容，单击黄色控制点并调整位置，使文字能够正常显示。调整形状到合适的位置。

步骤9：将"库存"形状拖曳到绘图区，并填充颜色为"黄色"。单击"文本"按钮，更改文字内容为"库存"。调整到适当位置。

步骤10：将"运输箭头"拖曳到绘图区，翻转方向，调整到适当位置。

步骤11：将"下拉箭头1""下拉箭头2"拖曳到绘图区，作为各个形状之间的连接线，单击"形状"组中的"线条"按钮，将连接线的粗细设置为3 pt，如图8-1-5所示。

步骤12：在"设计"菜单"背景"组中单击"边框和标题"下拉按钮，为文档添加"平铺"标题。

步骤13：在"背景-1"标签下，更改标题的文字内容为"商品价值流图"，并设置"加粗"效果。保存绘图文档。

项目八　商务图

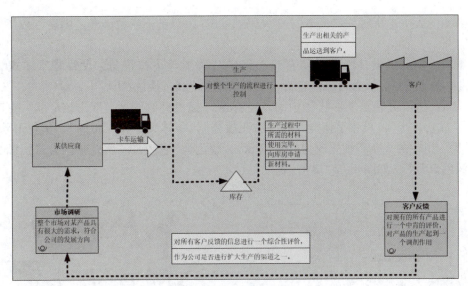

图 8-1-5

单元二　灵感触发图

创建灵感触发图（思维过程的图形化表示），以便进行规划、解决问题、制订决策和触发灵感。

灵感触发图

案例　绘制成功人士灵感触发图

绘制成功人士灵感触发图，如图 8-2-1 所示。

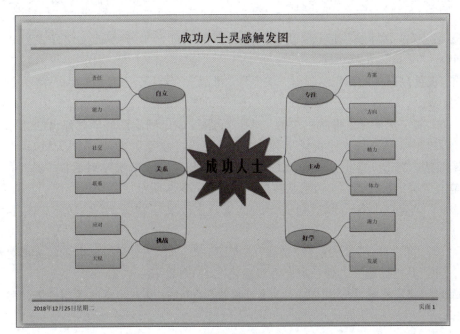

图 8-2-1

步骤1：选择"新建"→"商务"→"灵感触发图"，双击，或者单击"创建"按钮创建绘图文档。

步骤2：单击"设计"菜单"背景"组中"背景"下拉按钮，设置背景样式为"实心"，再次单击背景，设置背景颜色为"强调文字颜色5，淡色60%"。

步骤3：将"灵感触发形状"中的"主标题"拖曳到绘图区。双击该形状，更改文字内容为"成功人士"。设置字体样式为"方正姚体"，字体大小为"30 pt"。美化形状效果，将"形状"组中的线条粗细更改为"3.12 pt"，颜色为"蓝色"。填充颜色为"强调文字颜色1，深色50%"，如图8-2-2所示。

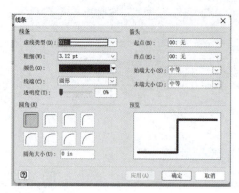 

图8-2-2

步骤4：选中"主标题"形状，右击，选择"更改标题形状"，弹出"更改形状"对话框，选中"爆星"形状，单击"确定"按钮，更改形状效果。

步骤5：将"灵感触发形状"中的"标题"拖曳到绘图区。右击，选择"更改标题形状"，弹出"更改形状"对话框，选中"椭圆"形状，单击"确定"按钮，更改形状效果。

步骤6：双击"标题"形状，更改文字内容为"自立"，并更改文字样式为"宋体"，字体大小为"12 pt"。

步骤7：使用同样的操作绘制出"关系""挑战""专注""主动""好学"。调整好适当的位置。

步骤8：将"灵感触发形状"中的"多个标题"拖曳到绘图区。在弹出的"添加多个标题"对话框中，依次输入"责任""能力""社交""联系""应对""天赋"。全部选中以上标题形状，右击，单击"更改标题形状"，弹出"更改形状"对话框，选中"矩形"形状，单击"确定"按钮，更改形状效果，如图8-2-3所示。

步骤9：调整以上各个形状到适当的位置。更改文字样式为"宋体"，文字大小为"10 pt"。

步骤10：将"自立""关系""挑战""专注""主动""好学"形状的填充颜色更改为"绿色"，将"其他标题"的颜色填充为"橙色"，如图8-2-4所示。

步骤11：将灵感触发形状中的"动态连接线"形状拖曳到绘图区适当位置，完成图形连接操作。

步骤12：单击"设计"菜单"背景"组中的"边框和标题"下拉按钮，选择"字

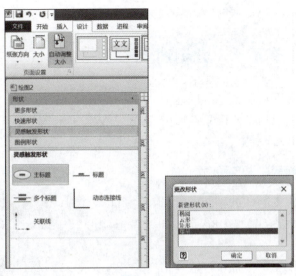

图 8-2-3

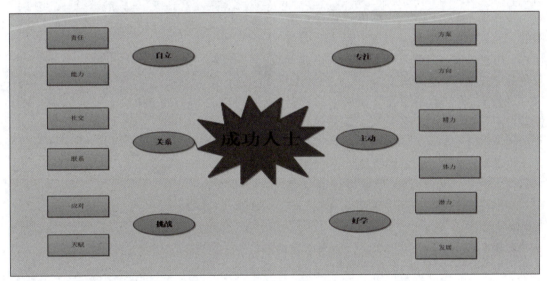

图 8-2-4

母"样式,为图形添加标题。在"背景-1"标签下,更改标题内容为"成功人士灵感触发图",设置文字样式为"华文中宋",字体大小为"24 pt"。

步骤 13:在"页-1"中查看已完成的图形,单击右下角的"调整页面以适应当前窗口。",显示完成效果图,如图 8-2-5 所示。

图 8-2-5

单元三　营销图表

营销图表

营销图表用于流程图绘制、基准问题测试、模拟、部署图表、目标、销售塔形分布、业务成本计算和单元管理。

案例　绘制网络营销推广图

利用"商务"模板下的"营销图表"模板绘制网络营销推广图，如图8-3-1所示。

步骤1：选择"新建"→"商务"→"营销图表"，双击图标，或者单击"创建"按钮新建一个绘图文档。

步骤2：单击"设计"菜单"背景"组中的"背景"下拉按钮，设置"活力"背景样式。再次单击"背景"下拉按钮，更改背景色为"线条，淡色60%"。

步骤3：将"营销图表"窗格中的"营销综合图"形状拖曳到绘图区，调整形状到合适的大小。

步骤4：双击"营销综合图"形状中的"顾客"文字，更改文字内容为"网络推广"，并更改文字样式为"华文新魏"，文字大小为"30 pt"。

步骤5：选择"产品"文字，输入文字内容"企业访谈"，更改文字样式为"宋体"，文字大小为"36 pt"。同时，单击"开始"菜单"形状"组中单击"填充"下拉按钮，填充图形的颜色为"橙色"，如图8-3-2所示。

步骤6：同上一步操作，将其他形状的内容进行更改和美化。颜色可以自由选择。

步骤7：在"背景"组中，单击"边框和标题"下拉按钮，选择"古典型"标题样式。

步骤8：在"背景-1"标签下，更改标题的内容为"网络营销推广图"。最后更改日期。保存绘图文档，完成绘制。

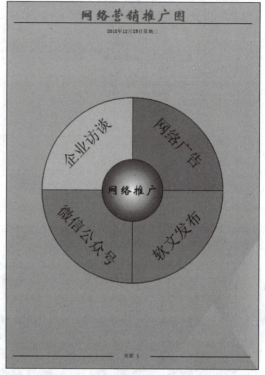

图8-3-1

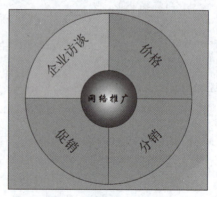

图8-3-2

单元四 组织结构图

组织结构图创建用于人力资源管理、职员组织、办公室行政管理的图表。

组织结构图

案例 绘制公司组织结构图

绘制公司组织结构图，如图 8-4-1 所示。

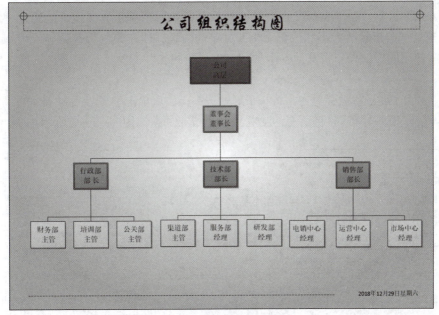

图 8-4-1

步骤 1：选择"新建"→"商务"→"组织结构图"，双击图标，或者单击"创建"按钮新建一个绘图文档。

步骤 2：单击"设计"菜单"背景"组中的"背景"下拉按钮，设置"中心渐变"背景样式。

步骤 3：将"组织结构图形状"中的"行政人员"形状拖曳到绘图区适当位置，调整合适大小。双击文本位置，更改文字内容为"公司高层"，设置文字样式为"宋体"，字体大小为"14 pt"，填充形状的颜色为"强调文字颜色 1，深色 25%"。

步骤 4：将"经理"形状拖曳到"行政人员"形状上方，重叠放置，会自动出现连接效果。双击"职位"形状，更改文字内容为"董事会董事长"。填充形状的颜色为"强调文字颜色 1，淡色 40%"，如图 8-4-2 所示。

步骤 5：再次将"经理"形状拖曳到"董事会董事长"形状上方，重叠放置，操作 3 次，会自动出现连接效果。调整形状到适合的位置。填充三个形状的颜色为"浅蓝"。更改对应的文字内容。

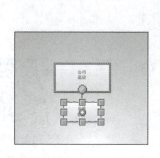
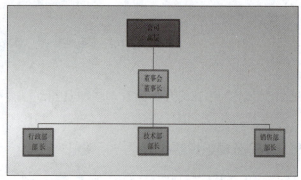

图 8-4-2

步骤 6：将 3 个"职位"形状拖曳到"行政部部长"形状上方，重叠放置，可以自动出现连接效果。调整形状的大小和位置。更改文字的内容，填充颜色为"强调文字颜色 5，淡色 60%"。使用同样的操作将其他 6 个形状拖曳到绘图区，调整形状到适当位置，更改文字内容。

步骤 7：为了使形状位置对齐，将 9 个形状选中，然后单击"开始"→"排列"→"位置"→"空间形状"→"横向分布"，将所有的形状自动完成布局，如图 8-4-3 所示。

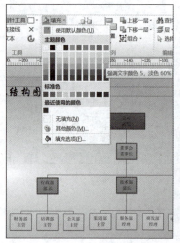
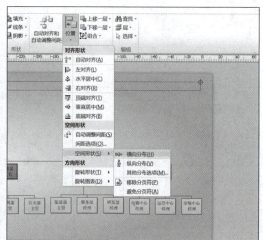

图 8-4-3

步骤 8：选择"设计"菜单下"背景"组中的"注册"边框和标题样式，在"背景-1"标签下，更改标题内容为"公司组织结构图"，设置文字样式为"华文行楷"，文字大小为"36 pt"。

步骤 9：回到"页-1"标签下，单击右下角的"调整页面以适合当前窗口。"，显示图像效果，保存文档，完成绘制。

项目小结

通过"商务图"模板中的几个案例，分别介绍了绘制相应图形的方法。通过绘制"价值流图""灵感触发图"等案例，希望读者可以掌握绘图技巧，提高绘图质量和绘图效率，完成所需图形的绘制。

项目习题

一、选择题

1. 在形状中插入容器后，下列说法中，错误的是（　　）。
   A. 可以调整其大小　　　　　　　　B. 可以移动其位置
   C. 不能移动其位置　　　　　　　　D. 可以输入文本等

2. 如果要根据内容的数量扩展或缩小容器，则选中容器后，单击"容器工具－格式"选项卡"大小"组中的"自动调整大小"按钮，在展开的列表中选择（　　）选项。
   A. 无自动调整大小　　　　　　　　B. 根据需要调整大小
   C. 始终根据内容调整　　　　　　　D. 边距

3. 插入标注并输入文本后，下列说法中，错误的是（　　）。
   A. 可以修改标注文本　　　　　　　B. 可以调整标注位置
   C. 可以调整标注样式　　　　　　　D. 不能更改标注的填充颜色和线条格式

4. 插入批注后，下列说法中，错误的是（　　）。
   A. 可以对批注内容进行编辑
   B. 可以将批注删除
   C. 不能逐个查看批注
   D. 修改批注内容后，批注者和批注日期会自动更改

5. 如果要自定义形状报告，可在（　　）选项卡的"报表"组中单击"形状报表"按钮，在弹出的"报告"对话框中单击"创建"按钮，弹出"报告定义向导"对话框，从中选择要报告的对象。
   A. 审阅　　　　　B. 数据　　　　　C. 视图　　　　　D. 公式

二、填空题

1. 容器是一种特殊的对象，它由预置的多种形状组成，可将_____的内容与_____分割开来。每种容器都包含内容区域和标题区域，用户可在内容区域绘制形状，在标题区域输入容器标题内容。

2. 编辑容器内容时，用户可根据需要设置成员资格的各种属性，如_____容器、_____容器和_____内容。

3. Visio 2010 的标注是指为形状提供的_____，以及连接形状和文字的连接线。Visio 中的批注和 Word 中的一样，是指在查看绘图文档时提出的_____；墨迹相当于在放映演示文稿时利用"指针选项"在幻灯片中所做的标记。

4. 绘制墨迹前或后，单击"墨迹"按钮，在显示的"墨迹书写工具笔"选项卡中可选择墨迹笔的类型，设置墨迹的_____。

5. 形状报表是 Visio 自带的一种统计工具，它可以统计 Visio 绘图文档中包含的_____。

三、操作题

绘制如图 1 所示的"营销图表"。

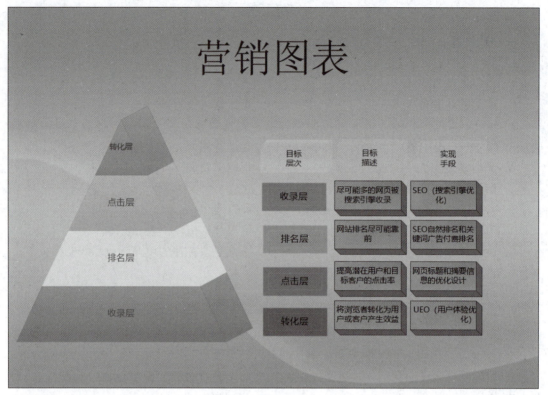

图1

项目九

网络图

Visio 的网络模板下有 Active Directory、LDAP 目录、机架图、基本网络图、详细网络图共 5 个子模板。

单元一 Active Directory

Active Directory 使用表示普通 Active Directory 对象、站点和服务的形状来展示 Active Directory 服务。

案例 绘制 Active Directory 图

利用网络中 Active Directory 模块绘制 Active Directory 图,如图 9-1-1 所示。

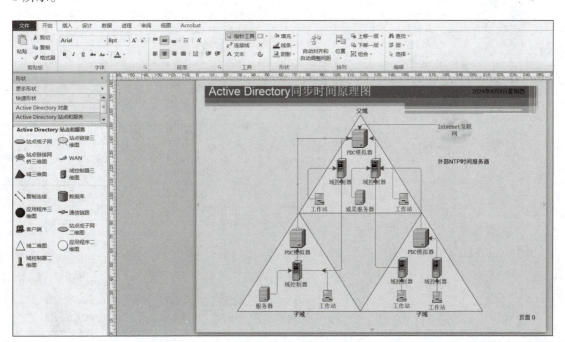

图 9-1-1

步骤1：单击"文件"菜单，再选择"新建"，然后单击"网络"，如图9-1-2所示。

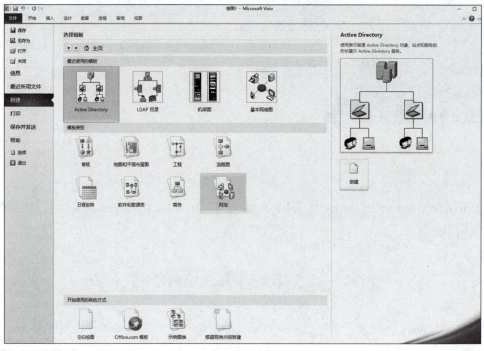

图9-1-2

步骤2：在"网络"界面选择"Active Directory"，单击"创建"按钮，如图9-1-3所示。

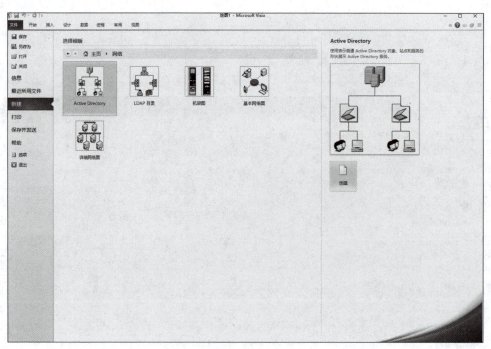

图9-1-3

步骤3：此时进入"Active Directory 对象"绘图界面，如图9-1-4所示。

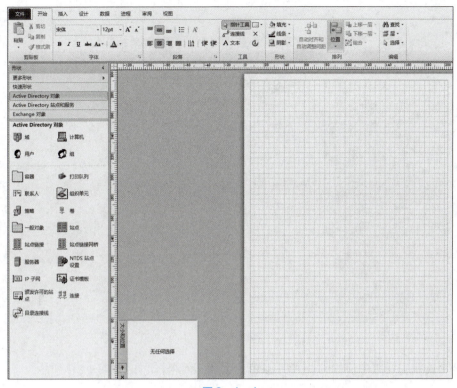

图9-1-4

步骤4：设置打印机纸张为"B5：182 mm×257 mm"，方向为横向，单击"应用"和"确定"按钮，如图9-1-5所示。

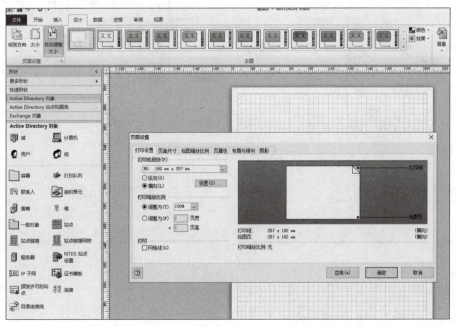

图9-1-5

步骤5：单击"背景"下拉按钮，设置背景为"实心"，如图9-1-6所示。

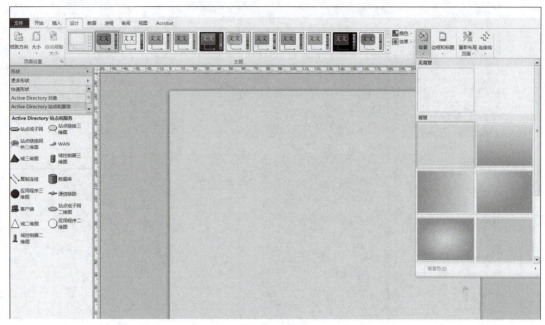

图9-1-6

步骤6：在主题组中应用"平衡-颜色，按钮-效果"，如图9-1-7所示。

图9-1-7

步骤7：颜色设置为"平衡-浅"，如图9-1-8所示。

步骤8：单击"边框和标题"下拉按钮，设置为"都市"边框标题，如图9-1-9所示。

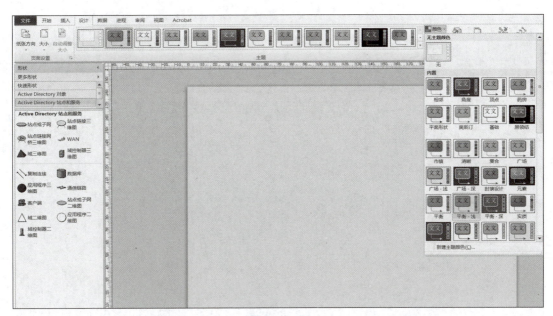

图 9-1-8

图 9-1-9

步骤 9：单击"背景-1"背景标签，输入标题"Active Directory 同步时间原理图"，字体为 Arial，字号为 24 pt，字体添加颜色为"白色"，如图 9-1-10 所示。

步骤 10：返回"页-1"标签，将左侧 Active Directory 站点和服务中"域二维图"拖曳到绘图页面中，并设置填充"强调文字颜色2，淡色80%"，如图 9-1-11 所示。

步骤 11：选择该形状，设置高度和宽度分别为"90 mm""70 mm"，进行复制，如图 9-1-12 所示。

图 9-1-10

图 9-1-11

项目九 网络图

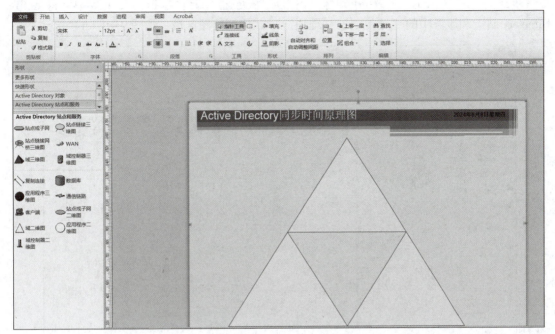

图 9-1-12

步骤 12：选中 3 个文本，依次输入"父域""子域""子域"，字体设置为微软雅黑，字号为 12 pt，如图 9-1-13 所示。

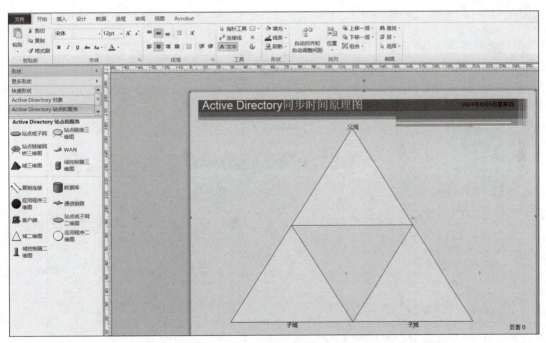

图 9-1-13

步骤13：将"Active Directory 对象"中的"服务器"形状拖到"父域"中，将 Active Directory 站点和服务中的"域控制器三维图"形状拖到绘图区域，如图9-1-14所示。

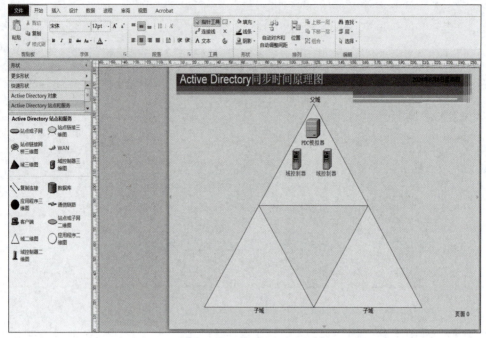

图9-1-14

步骤14：将"Active Directory 对象"中的"计算机"和"服务器"形状拖到绘图区域，如图9-1-15所示。

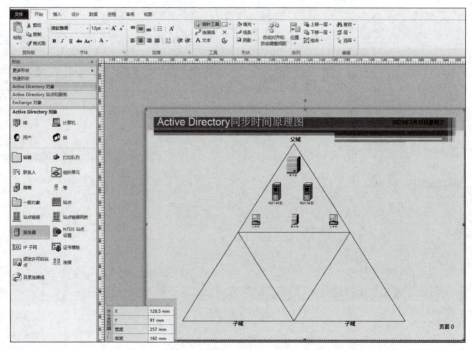

图9-1-15

步骤15：依次输入文本内容，字体设置为宋体，字号为12 pt，如图9-1-16所示。

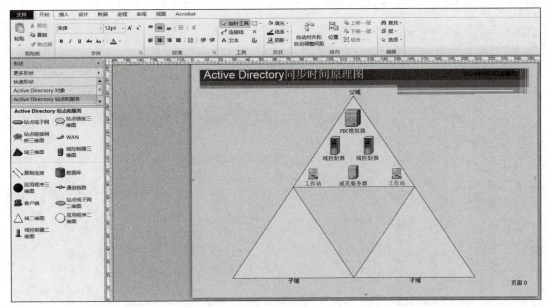

图9-1-16

步骤16：将"Active Directory 站点和服务"中的"WAN"形状拖到绘图区域，并输入文本内容"Internet 互联网"，字体设置为宋体，字号为12 pt，如图9-1-17所示。

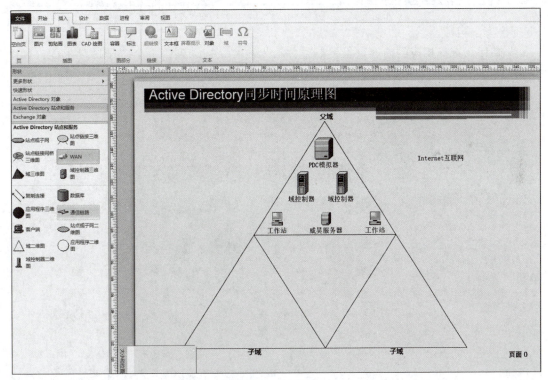

图9-1-17

步骤17：利用"插入"菜单栏"文本框"下拉列表中的"横排文本框"输入文本"外部 NTP 时间服务器"，字体设置为黑体，字号为 12 pt，如图 9-1-18 所示。

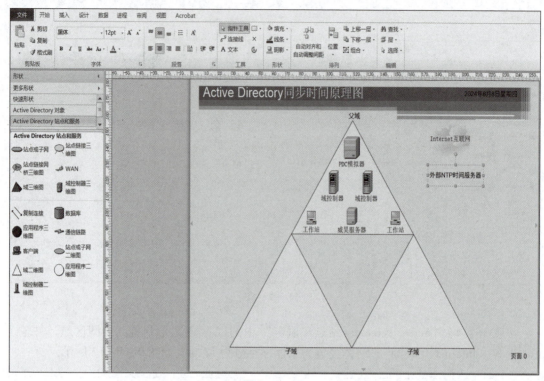

图 9-1-18

步骤18：选择相应的内容进行复制，并输入内容，拖动到第一个"子域"里面，如图 9-1-19 所示。

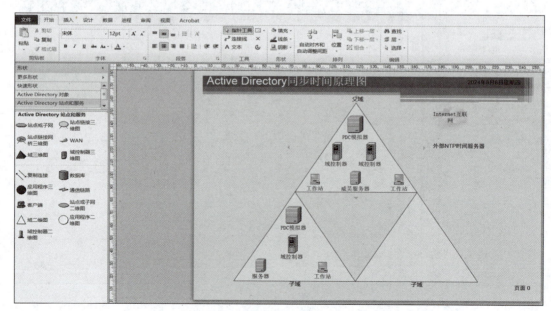

图 9-1-19

步骤19：选择相应的内容进行复制，并输入内容，拖到第二个"子域"里面，如图9-1-20所示。

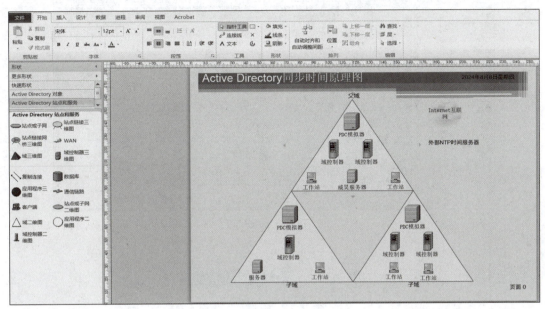

图9-1-20

步骤20：进行连接线设置，如图9-1-21所示。

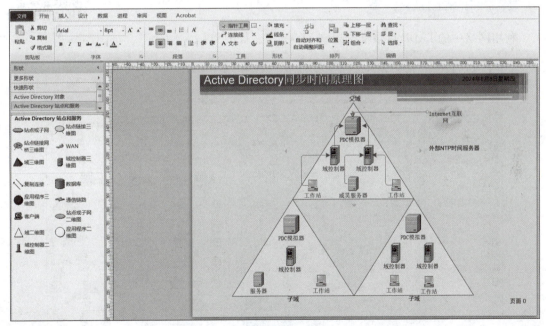

图9-1-21

步骤21：对其他两个"子域"进行连接线设置，最终效果如图9-1-22所示。

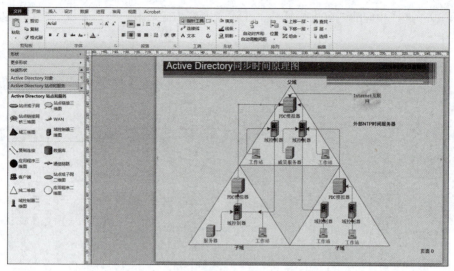

图 9-1-22

单元二 LDAP 目录

LDAP 目录使用表示普通 LDAP（轻型目录访问协议）对象的形状创建目录服务文档。

案例 绘制 LDAP 目录

利用网络中的 LADP 目录框图绘制 LDAP 图，如图 9-2-1 所示。

LDAP 目录

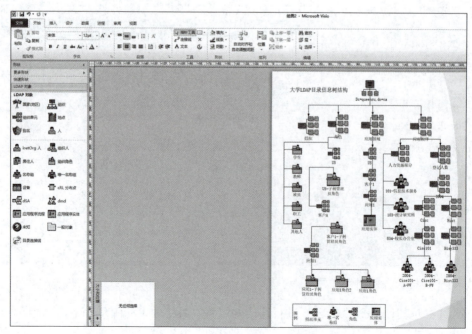

图 9-2-1

步骤1：单击"文件"菜单，再选择"新建"，然后单击"网络"，如图9-2-2所示。

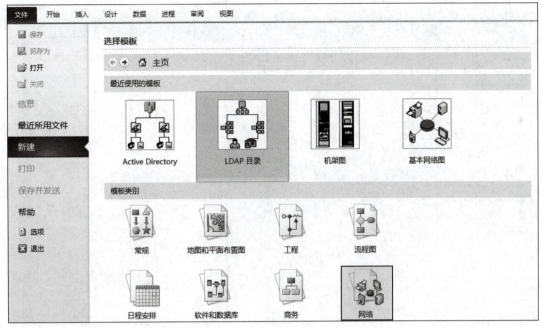

图9-2-2

步骤2：在"网络"界面选择"LDAP目录"，在右侧单击"创建"按钮，如图9-2-3所示。

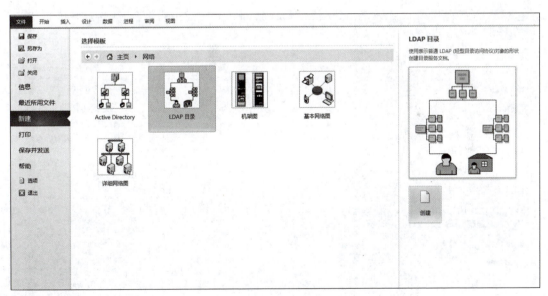

图9-2-3

步骤3：此时进入LDAP对象设计图界面，如图9-2-4所示。

步骤4：将"LDAP对象"中的"组织"拖曳到绘图区域的适当位置，调整形状大小，如图9-2-5所示。

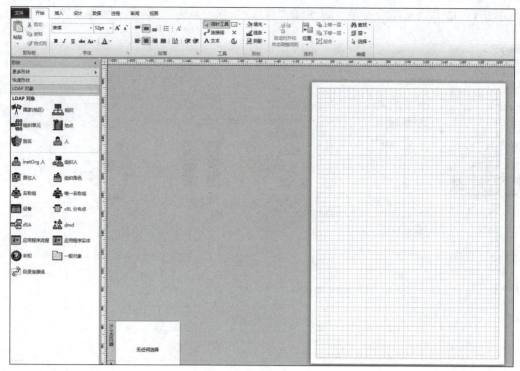

图 9-2-4

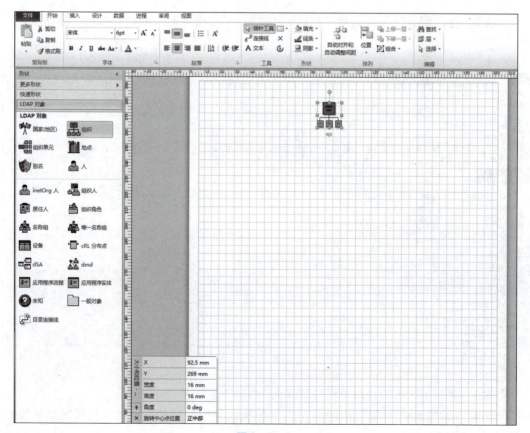

图 9-2-5

步骤5：将"LDAP对象"中的"组织单元"拖曳到绘图区域的适当位置，进行复制，调整形状大小，如图9-2-6所示。

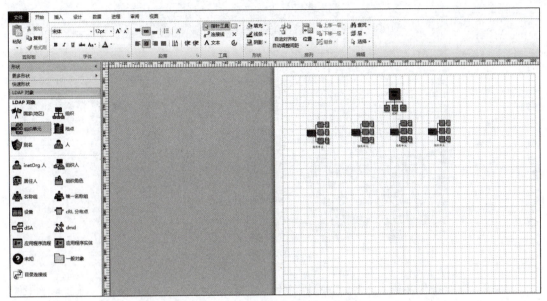

图9-2-6

步骤6：将"LDAP对象"中的"组织单元"拖曳到绘图区域的适当位置，调整形状大小，如图9-2-7所示。

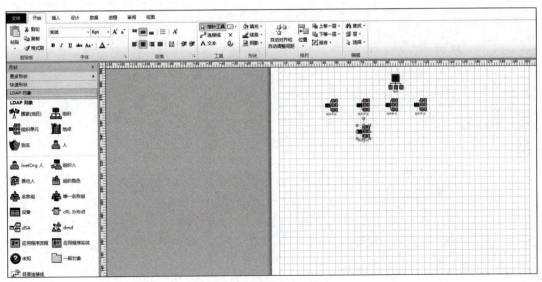

图9-2-7

步骤7：将"LDAP对象"中的"组织角色"拖曳到绘图区域的适当位置，进行复制，调整形状大小，如图9-2-8所示。

步骤8：将"LDAP对象"中的"组织单元""组织角色"拖曳到绘图区域的适当位置，调整形状大小。

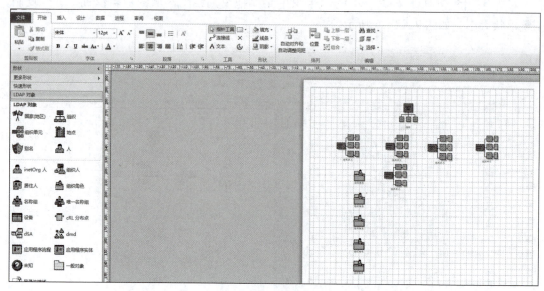

图 9-2-8

步骤9：继续操作步骤8，将"LDAP 对象"中的"组织""组织角色"拖曳到绘图区域的适当位置，复制"组织角色"，调整形状大小，如图 9-2-9 所示。

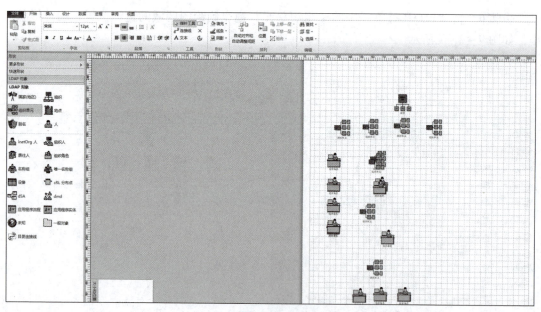

图 9-2-9

步骤10：将"LDAP 对象"中的"组织单元"拖曳到绘图区域的适当位置，进行复制。把"应用程序实体"拖曳到绘图区域的适当位置，调整形状大小，如图 9-2-10 所示。

步骤11：将"LDAP 对象"中的"组织单元""唯一名称组"拖曳到绘图区域的适当位置，复制"唯一名称组"，调整形状大小，如图 9-2-11 所示。

项目九 网络图

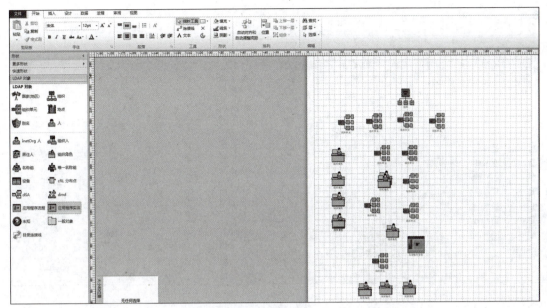

图 9-2-10

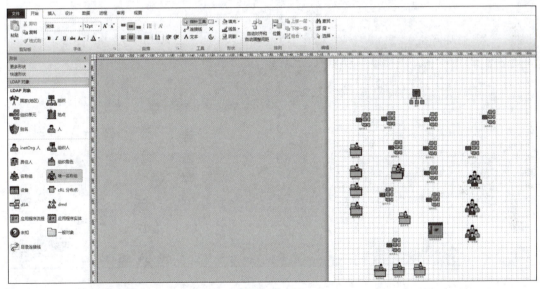

图 9-2-11

步骤12：将"LDAP 对象"中的"组织单元"拖曳到绘图区域的适当位置，进行复制，并调整形状大小，如图 9-2-12 所示。

步骤13：将"LDAP 对象"中的"唯一名称组"拖曳到绘图区域的适当位置，进行复制，并调整形状大小，如图 9-2-13 所示。

步骤14：输入相应文字，宋体，字号为 12 pt，如图 9-2-14 所示。

步骤15：对绘图区域中的所有内容使用 连接线 进行连接，如图 9-2-15 所示。

步骤16：设置背景为"技术"，如图 9-2-16 所示。

251

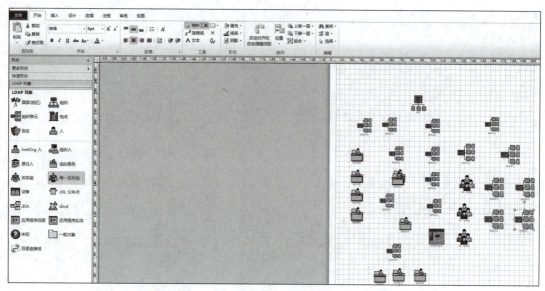

图 9-2-12

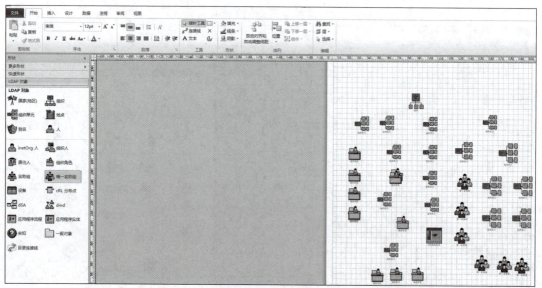

图 9-2-13

项目九　网络图

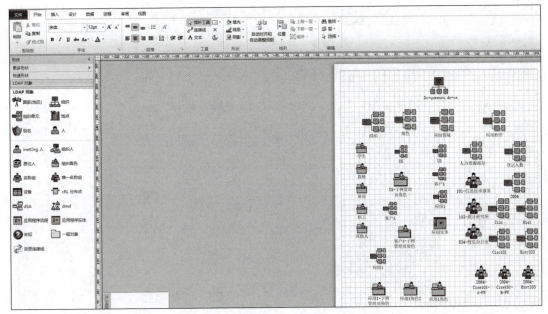

图9-2-14

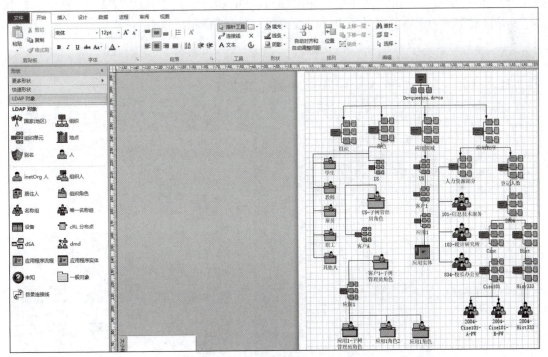

图9-2-15

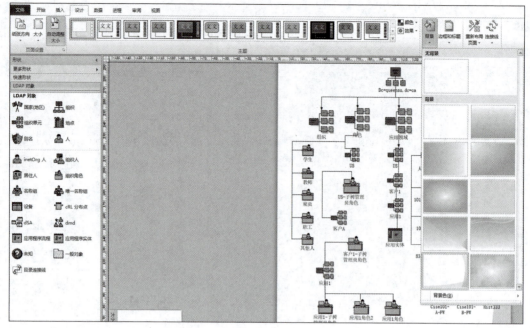

图9－2－16

步骤17：使用"开始"菜单栏中的"文本"工具，输入"大学LDAP目录信息树结构"，并设置字体为宋体，字号为16 pt，如图9－2－17所示。

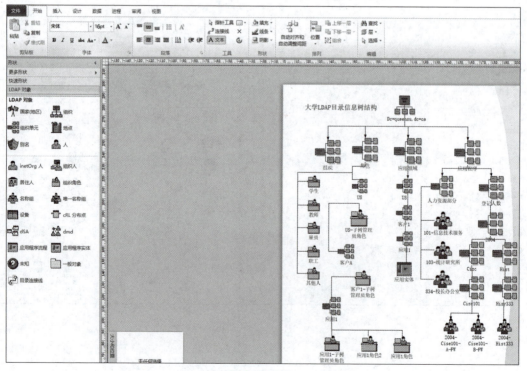

图9－2－17

步骤18：在绘图区域中增加一个图例说明。最终效果如图9－2－18所示。

项目九　网络图

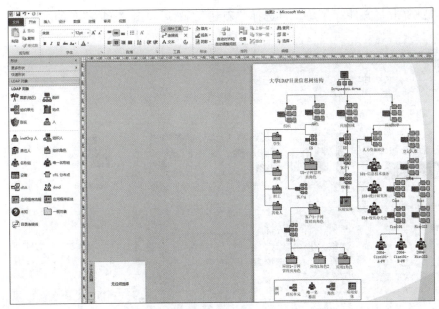

图 9-2-18

单元三　机架图

机架图使用符合工业标准尺寸的机架形状和网络设备形状绘制机架系统图。

案例　绘制机架图

利用网络中的机架图绘制企业机架图，如图 9-3-1 所示。

机架图

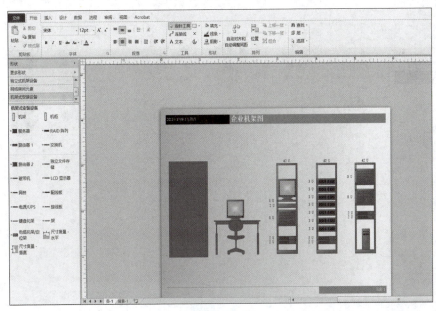

图 9-3-1

255

步骤1：单击"文件"菜单，再选择"新建"，然后单击"网络"，如图9-3-2所示。

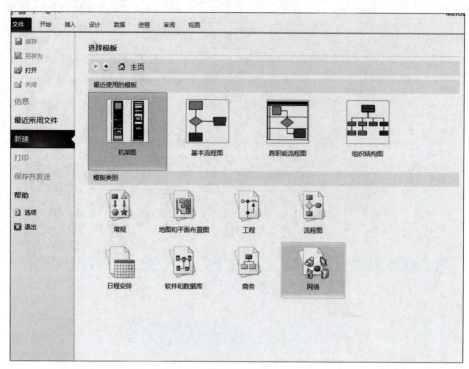

图9-3-2

步骤2：在"网络"界面，选择"机架图"，在右侧单击"创建"按钮，如图9-3-3所示。

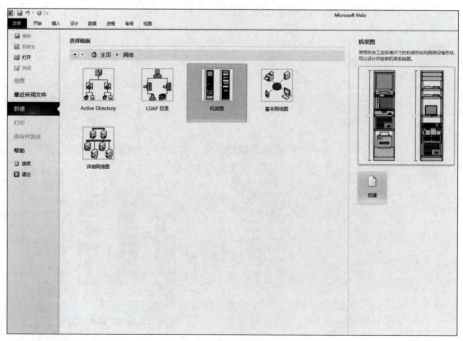

图9-3-3

项目九　网络图

步骤3：进入机架图设计界面，如图9-3-4所示。

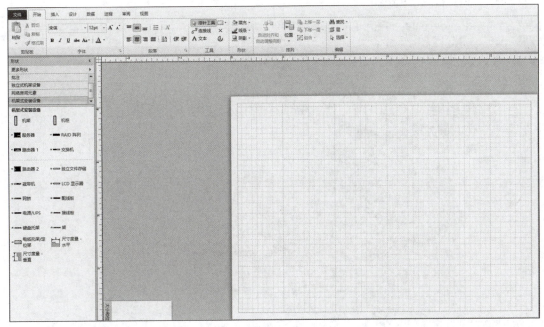

图9-3-4

步骤4：将"网络房间元素"中的"门"拖曳到绘图区的适当位置，调整形状大小，如图9-3-5所示。

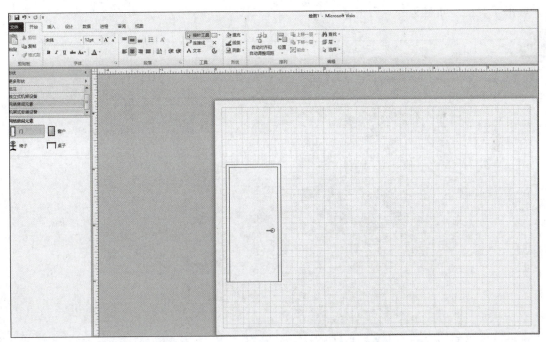

图9-3-5

步骤5：将"网络房间元素"中的"桌子""椅子"拖曳到绘图区域的适当位置，调整形状大小，如图9-3-6所示。

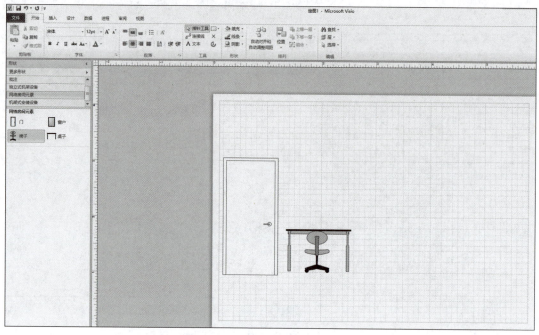

图9-3-6

步骤6：将"独立式机架设备"中的"显示器"拖曳到绘图区域并放到"桌子"上，调整形状大小，如图9-3-7所示。

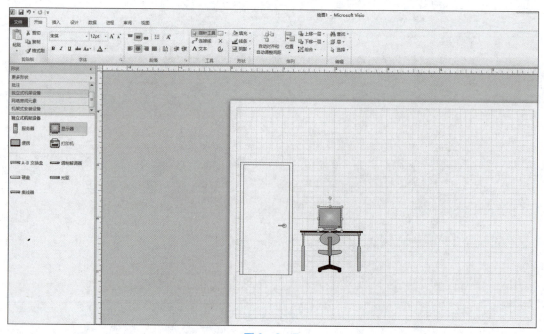

图9-3-7

项目九 网络图

步骤7：将"机架式安装设备"中的"机架"拖曳到绘图区域的适当位置，调整形状大小，如图9-3-8所示。

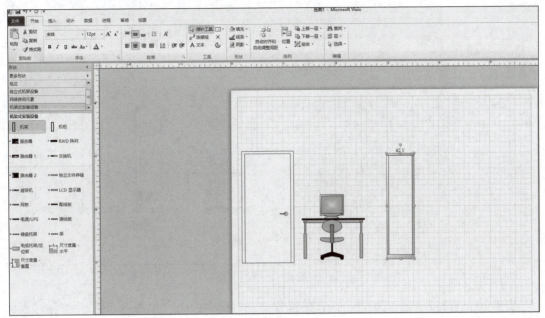

图9-3-8

步骤8：对"机架"进行复制，如图9-3-9所示。

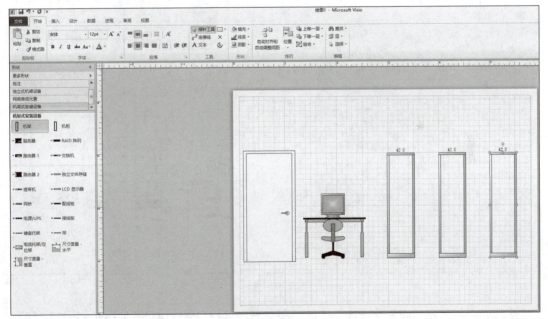

图9-3-9

步骤9：将"机架式安装设备"中的"电源/UPS"拖曳到机架中，并进行复制，如图9-3-10所示。

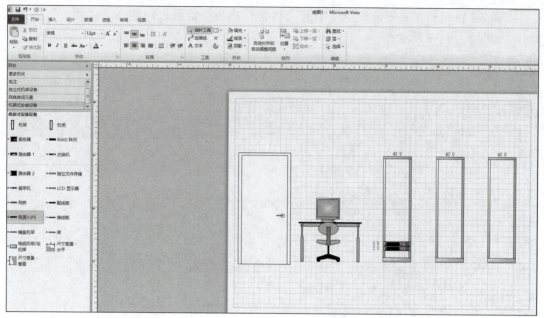

图 9-3-10

步骤 10：对另外两个机柜进行同样的操作，同时选中两个"电源/UPS"并按住键盘的 Ctrl 键进行拖曳，如图 9-3-11 所示。

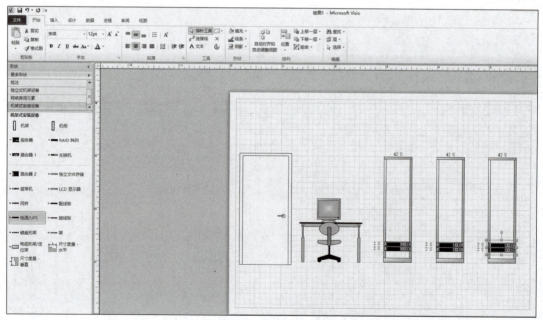

图 9-3-11

步骤 11：把"机架式安装设备"中的"服务器"放到左侧机柜里，如图 9-3-12 所示。
步骤 12：把"机架式安装设备"中的"架"放到左侧机柜里，如图 9-3-13 所示。
步骤 13：把"独立式机架设备"中"显示器"放到左侧机柜里，把"机架式安装设备"中的"独立文件存储"也拖曳到左侧机柜里，第一个机柜完成，如图 9-3-14 所示。

项目九 网络图

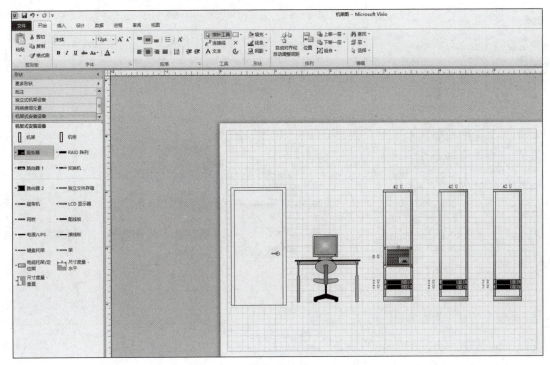

图 9-3-12

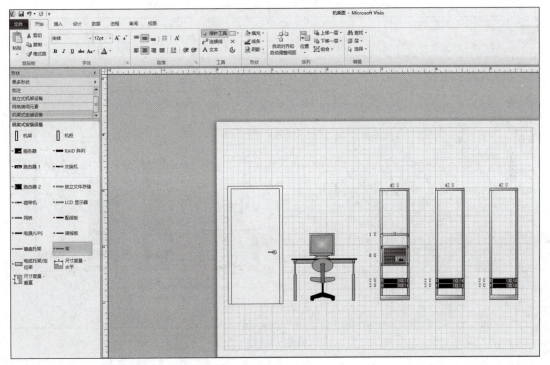

图 9-3-13

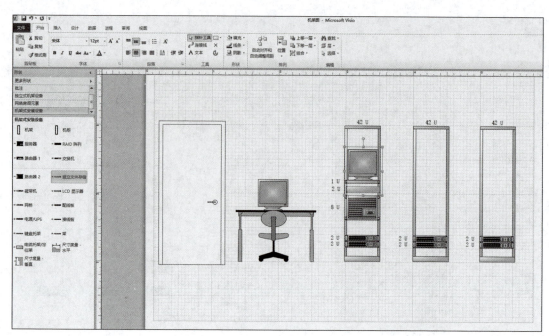

图 9-3-14

步骤14：把"独立式机架设备"中的"RAID 阵列"放到中间机柜里，并按住 Ctrl 键进行拖曳，如图 9-3-15 所示。

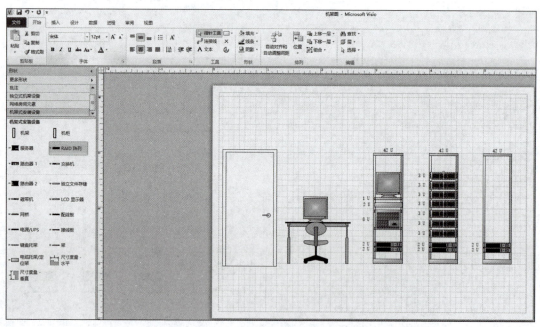

图 9-3-15

步骤15：把"独立式机架设备"中的"服务器"放到右侧独立式机架设备中的机柜里，在操作中可以将"电源/UPS"向上移动，如图 9-3-16 所示。

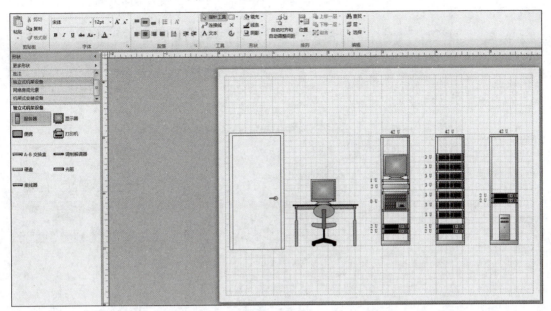

图9-3-16

步骤16：把"机架式安装设备"中的"服务器"放到右侧独立式机架设备中的机柜里，并进行复制，如图9-3-17所示。

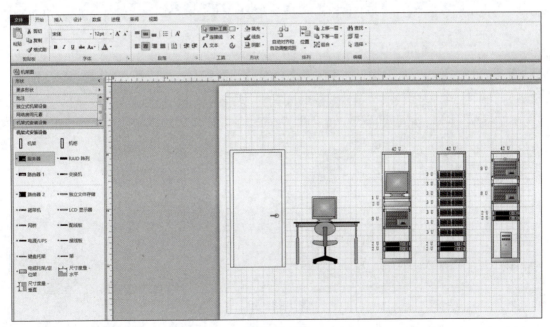

图9-3-17

步骤17：在"设计"选项卡中将颜色设置为"实质"，如图9-3-18所示。
步骤18：在"设计"选项卡中添加背景为"水平渐变"，如图9-3-19所示。

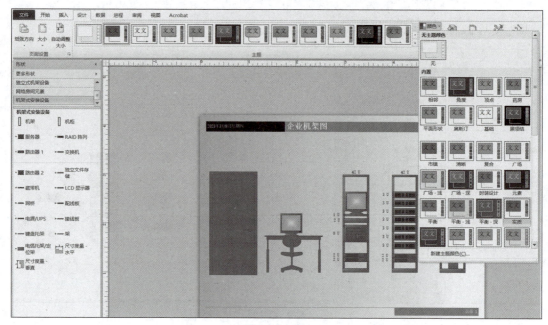

图 9-3-18

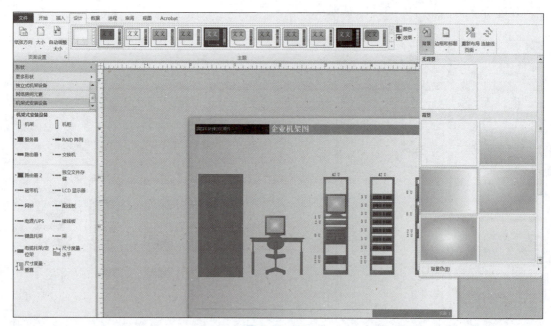

图 9-3-19

步骤 19：在绘图区域"背景-1"中，在"设计"选项卡中设置"边框和标题"为"飞越型"，如图 9-3-20 所示。

步骤 20：在绘图区域"背景-1"中输入标题"企业机架图"，加粗，宋体，字号为 24 pt，如图 9-3-21 所示。

步骤 21：切换到"页-1"中，最终效果如图 9-3-22 所示。

项目九　网络图

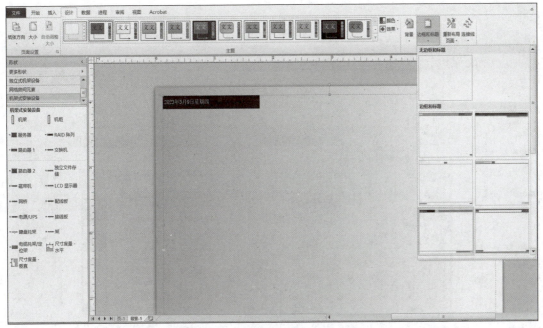

图 9-3-20

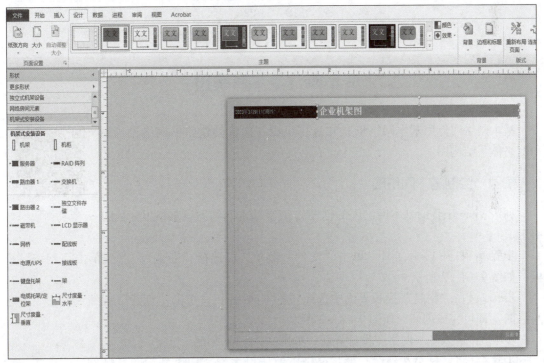

图 9-3-21

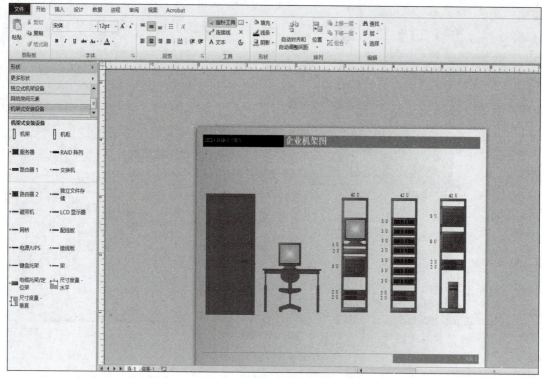

图 9-3-22

单元四　基本网络图

基本网络图使用基本网络形状和计算机设备形状创建简单网络设计图和网络体系结构图。

案例　绘制基本网络图

利用 Visio 工具的基本网络图的框图来绘制基本网络图，如图 9-4-1 所示。

基本网络图

步骤1：打开 Visio 工具，单击"文件"菜单，再选择"新建"，然后单击"网络"模板，如图 9-4-2 所示。

步骤2：在"网络"模板界面中选择"基本网络图"，单击"创建"按钮或双击"基本网络图"即可完成创建，如图 9-4-3 所示。

步骤3：进入基本网络图设计界面，如图 9-4-4 所示。

步骤4：将"网络和外设"形状窗格中的"以太网"拖曳到绘图区域的适当位置，调整好合适的大小，如图 9-4-5 所示。

步骤5：在操作中可看到"以太网"中有一些小黄点，小黄点也可以进行调整。使用鼠标选中其中一个小黄点单击，即可进行隐藏，再次单击即可出现，如图 9-4-6 所示。

项目九 网络图

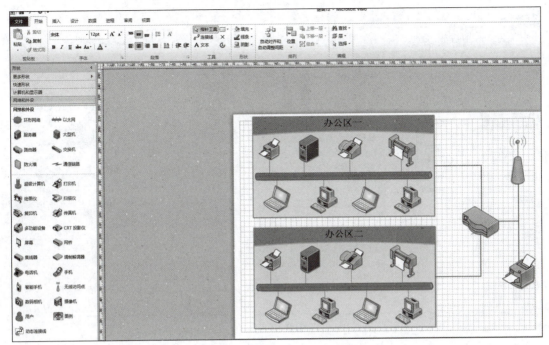

图 9-4-1

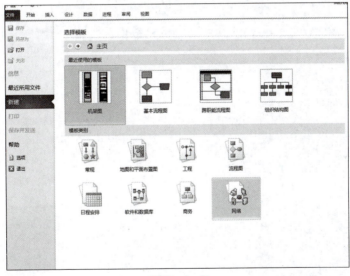

图 9-4-2

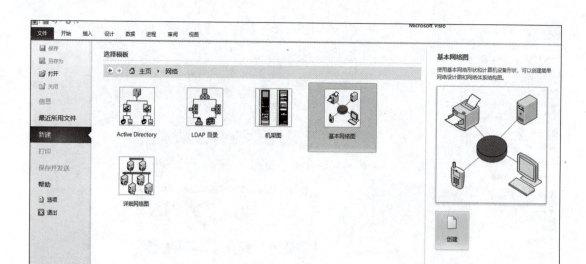

图 9-4-3

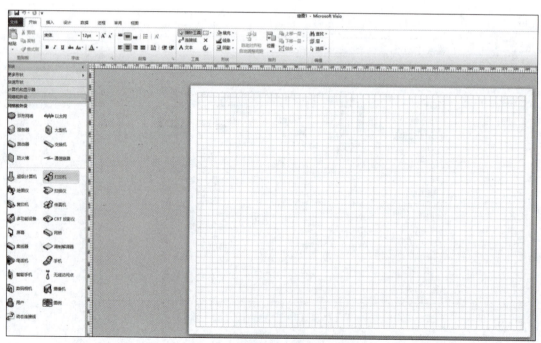

图 9-4-4

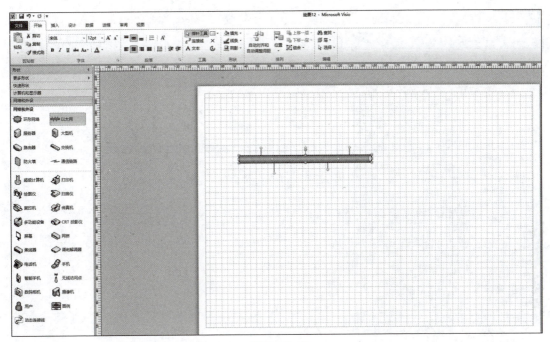

图 9-4-5

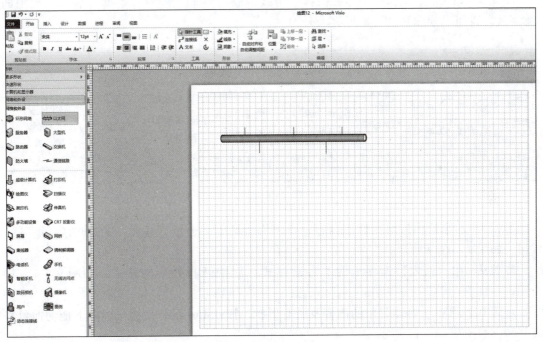

图 9-4-6

步骤6：将"计算机和显示器""网络和外设"形状窗格中的相应设备拖曳到绘图区域，并调整形状大小。在上方标尺中拖曳出两条参考线，将形状放在合适的位置上，如图9-4-7所示。

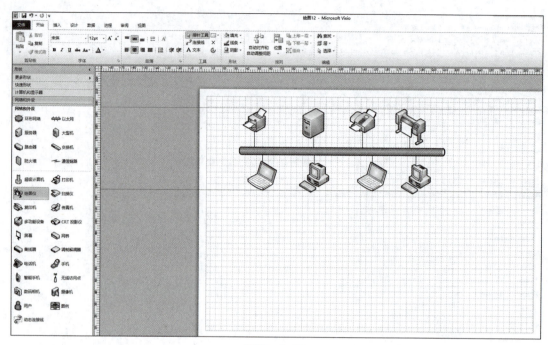

图 9-4-7

步骤 7：如果随后的操作中需要去掉参考线，取消勾选"视图"菜单"显示"组中的"参考线"即可，如图 9-4-8 所示。

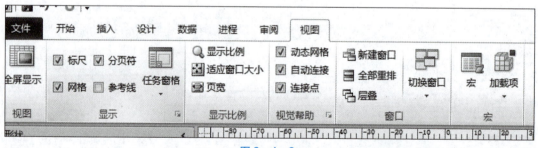

图 9-4-8

步骤 8：右击绘图区域的任意内容，弹出快捷菜单，选择"容器"→"添加到新容器"按钮，如图 9-4-9 所示。

步骤 9：在"格式"选项卡的"容器样式"组中选择相应的样式，如图 9-4-10 所示。

步骤 10：选中"容器"中的内容及所有形状，按住 Ctrl 键，使用鼠标向下拖动即可完成复制，如图 9-4-11 所示。

步骤 11：双击文档区域中的标题进行编辑，格式为：宋体，居中，字号为 24 pt，具体效果如图 9-4-12 所示。

项目九 网络图

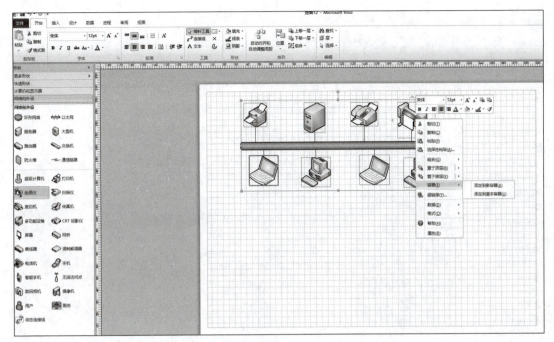

图9-4-9

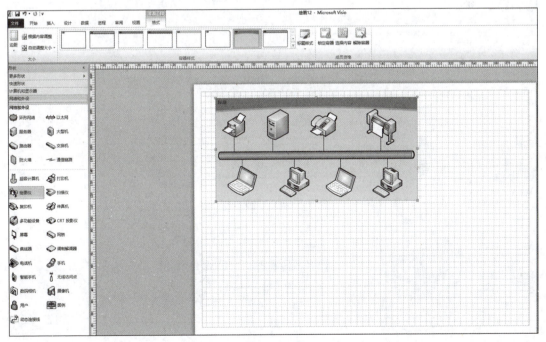

图9-4-10

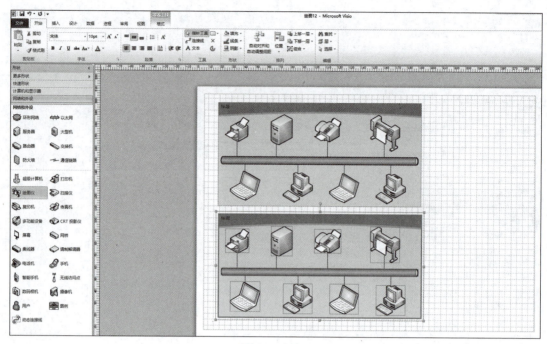

图 9-4-11

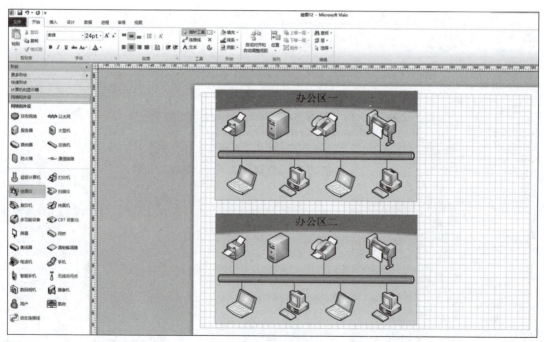

图 9-4-12

步骤12：把"网络和外设"形状窗格中的"路由器"形状拖曳到绘图区域，进行连接，如图9-4-13所示。

步骤13：把"网络和外设"中的"无线访问点"拖曳到绘图区域，调整到合适的大小，如图9-4-14所示。

项目九 网络图

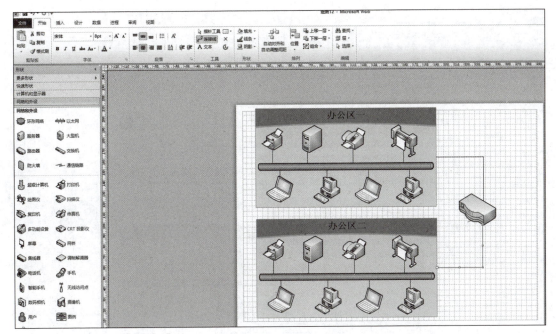

图 9-4-13

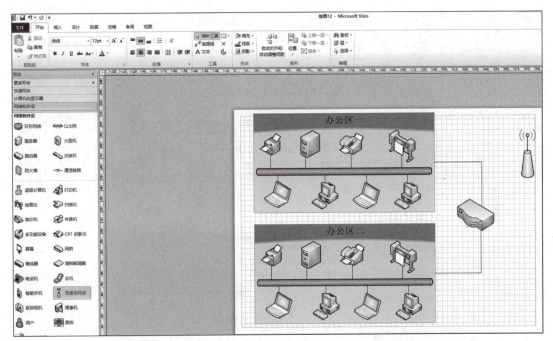

图 9-4-14

步骤14：把"网络和外设"中的"打印机"拖曳到绘图文档中，并调整大小，如图 9-4-15 所示。

步骤15：使用"开始"菜单中的工具进行连接，具体效果如图 9-4-16 所示。

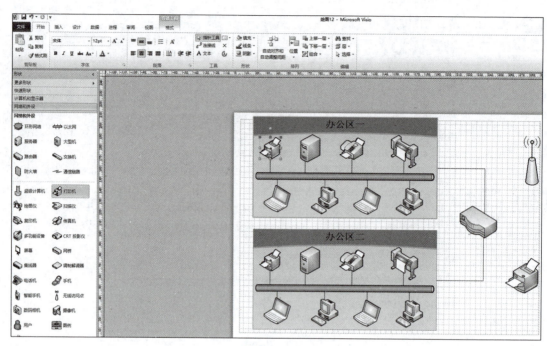

图 9-4-15

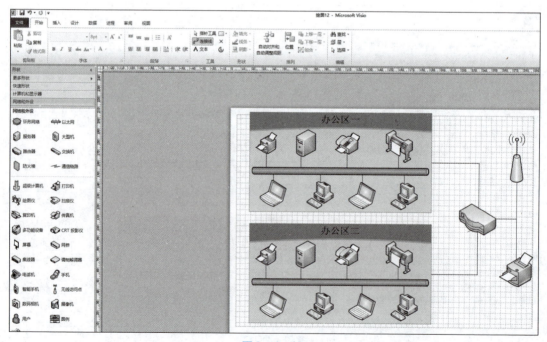

图 9-4-16

步骤 16：单击"设计"选项卡，选择主题中的样式，颜色为"奥斯汀"，"简单阴影"效果，如图 9-4-17 所示。

步骤 17：随后对线条进行调整，如图 9-4-18 所示。

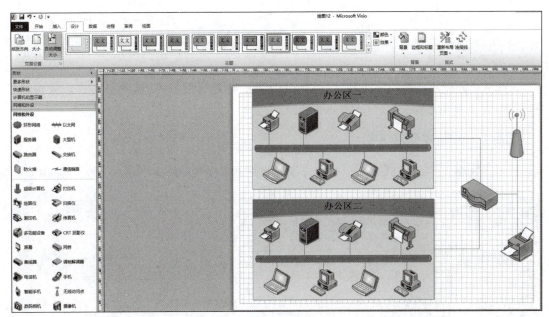

图 9-4-17

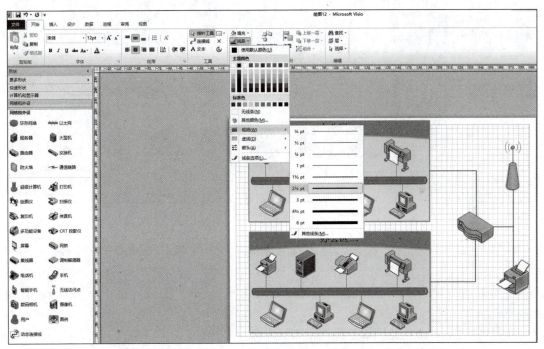

图 9-4-18

步骤 18：完成案例，最终效果如图 9-4-1 所示。

单元五　详细网络图

详细网络图使用全面的网络和计算机设备形状，创建详细的物理架构图、逻辑架构图和网络架构图。

案例1　绘制详细网络图

利用"网络"→"详细网络图"绘制详细网络图，如图9-5-1所示。

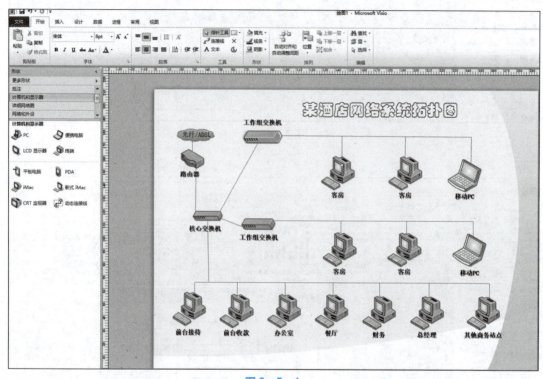

图9-5-1

步骤1：单击"文件"菜单，再选择"新建"，然后单击"网络"，如图9-5-2所示。

步骤2：在"网络"界面，选择"详细网络图"，单击"创建"按钮，如图9-5-3所示。

步骤3：进入详细网络图设计界面，如图9-5-4所示。

步骤4：将"网络和外设"中的"路由器""交换机"拖曳到绘图区域的适当位置，并根据需要调整形状大小，如图9-5-5所示。

步骤5：把"交换机"进行复制，并拖曳到绘图区的适当位置，根据需要调整形状大小，如图9-5-6所示。

项目九 网络图

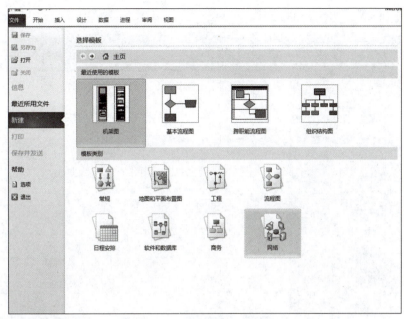

图 9-5-2

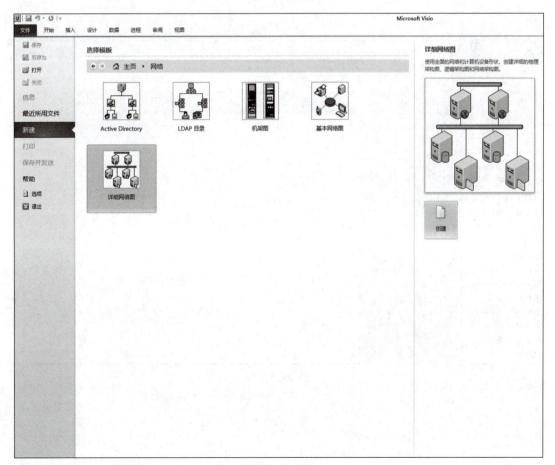

图 9-5-3

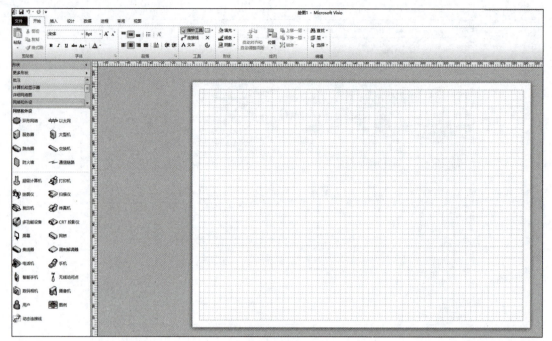

图 9-5-4

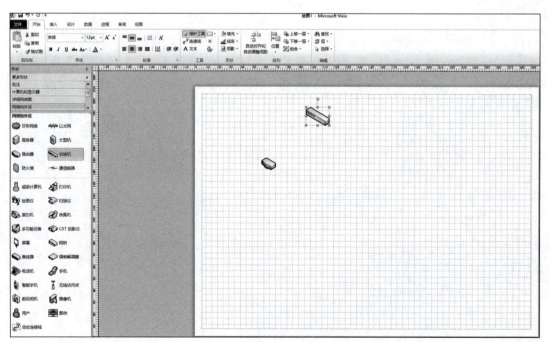

图 9-5-5

项目九 网络图

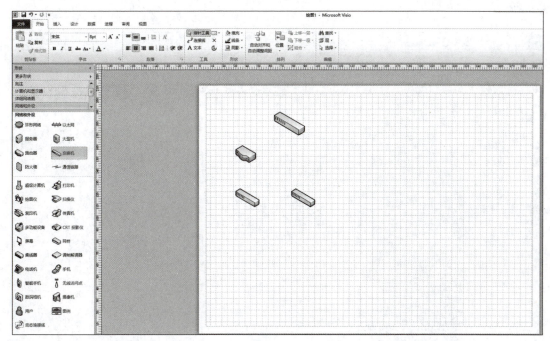

图 9-5-6

步骤 6：把"计算机和显示器"中的"PC""便捷电脑"拖曳到绘图区域的适当位置，调整形状大小，如图 9-5-7 所示。

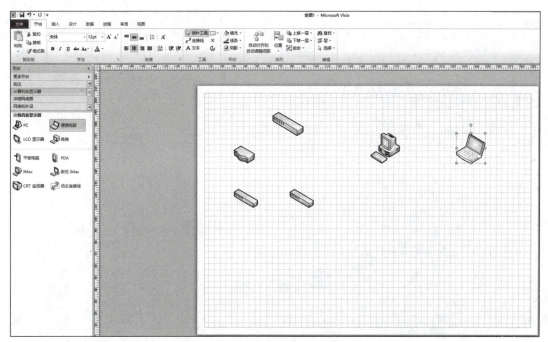

图 9-5-7

步骤 7：重复步骤 5，依次调整"PC""便捷电脑"形状，按 Ctrl 键复制多份，进行摆放,如图 9-5-8 所示。

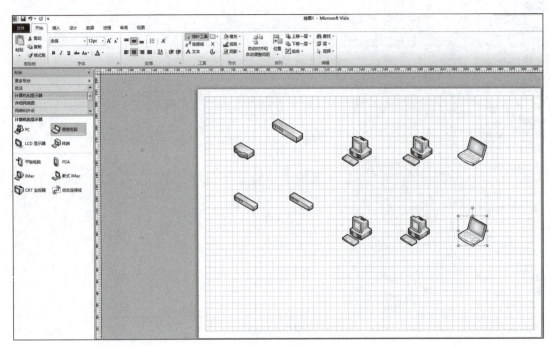

图 9-5-8

步骤 8：再次复制"便捷电脑"并进行摆放,调整形状大小,如图 9-5-9 所示。

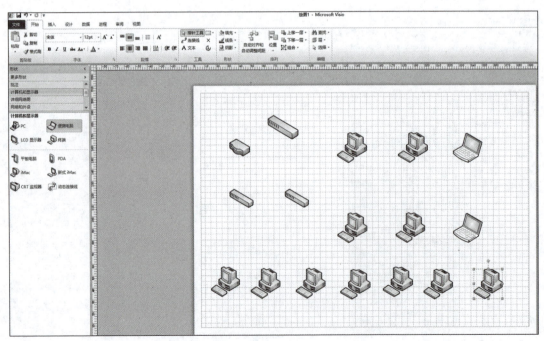

图 9-5-9

步骤 9：双击形状,输入相应文字,如图 9-5-10 所示。

项目九　网络图

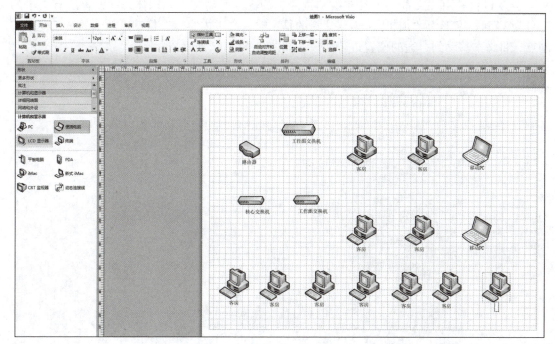

图9-5-10

步骤10：选中要进行布置的多个形状，单击"开始"选项卡"排列"组中"位置"下拉按钮，选择"空间形状"列表中的"横向分布"选项，对多个形状进行横向分布，如图9-5-11所示。

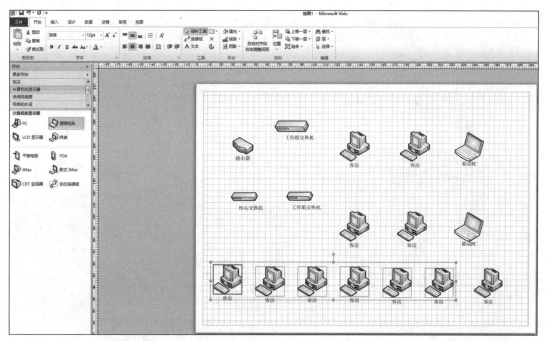

图9-5-11

步骤11：利用"文本"工具在绘图页的右侧输入所需文本，宋体，并设置所有文本的字号为14 pt，字形为"加粗"。需要注意的是，输入文本内容后，拖动形状上的黄色菱形控制点，将文本移动到合适的位置进行摆放，如图9-5-12所示。

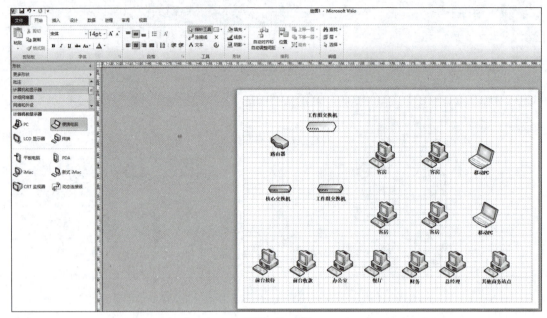

图9-5-12

步骤12：单击"开始"选项卡"工具"组中的"连接线"按钮 连接线，为形状添加连接线，如图9-5-13所示。

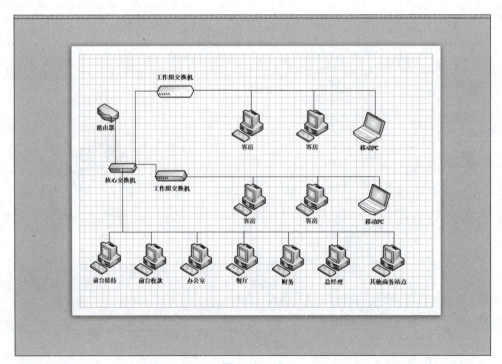

图9-5-13

步骤13：选中绘图区域文档"核心交换机""工作组交换机"中的两处折线，右击，在弹出的快捷菜单中选择"直角连接线"，改为直线，如图9-5-14所示。

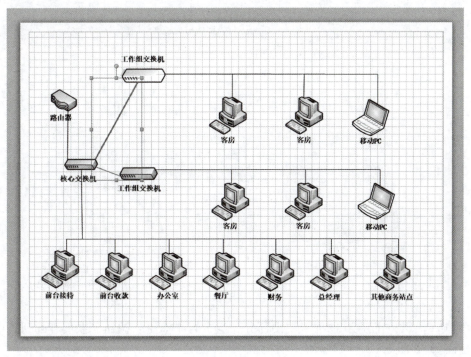

图9-5-14

步骤14：对绘图文档应用"复合"颜色，"简单阴影"效果，主题背景为"技术"，如图9-5-15所示。

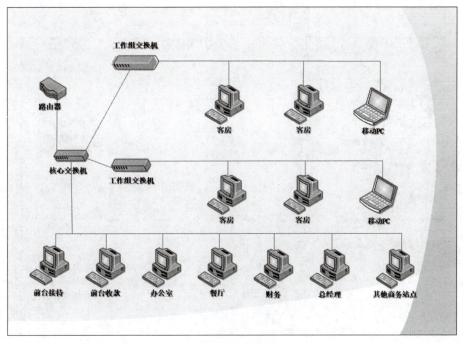

图9-5-15

步骤 15：利用"文本"工具在绘图文档区域输入文档的标题，设置字体为"华文彩云"，字号为"34 pt"，颜色为"蓝色"，如图 9－5－16 所示。

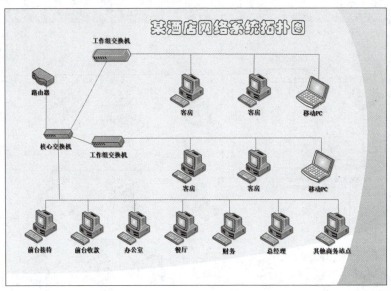

图 9－5－16

步骤 16：单击"插入"选项卡"图部分"组中的"标注"按钮，在展开的列表中选择"云形标注"，如图 9－5－17 所示。

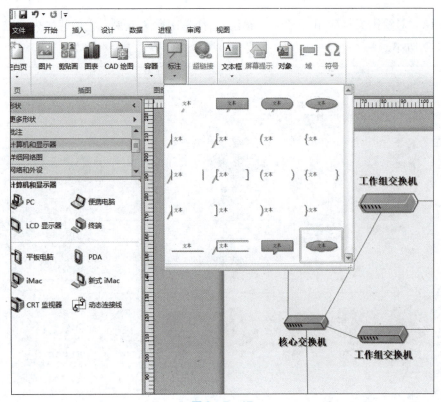

图 9－5－17

步骤17：将标注移动到"路由器"上方，在文本中输入内容，宋体，设置其字号为"14 pt"，效果如图9–5–18所示。

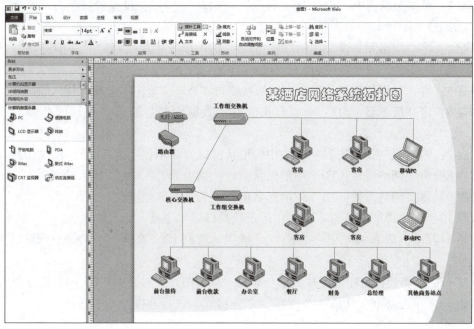

图9–5–18

案例2　绘制详细网络图

绘制详细网络图，如图9–5–19所示。

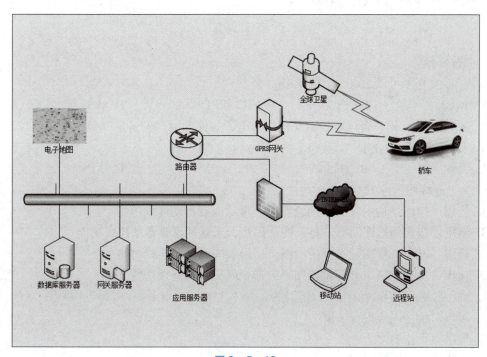

图9–5–19

步骤1：选择"详细网络图-3D"模板，双击图标或单击右侧的"创建"按钮。
步骤2：单击菜单栏中"设计"→"页面设置"，设置"纸张方向"为"横向"。
步骤3：单击菜单栏中"设计"→"背景"，选择"世界"，设置背景色为"橙色，着色5"。
步骤4：将"网络和外设"中的形状窗口"防火墙""以太网""通信链路"拖入绘图区。
步骤5：将"计算机和显示器"中的形状窗口"PC""笔记本电脑"拖入绘图区。
步骤6：将"服务器-3D"中的形状窗口"数据库服务器""代理服务器"拖入绘图区。
步骤7：将"机架式服务器-3D"中的形状窗口"应用程序服务器"拖入绘图区。
步骤8：将"网络符号-3D"中的形状窗口"路由器""网关"拖入绘图区。
步骤9：将"网络位置-3D"中的形状窗口"云"拖入绘图区。
步骤10：将"详细网络图-3D"中的形状窗口将"卫星"拖入绘图区。
步骤11：单击菜单"插入"→"图片"，插入"素材1""素材2"，并调整形状的大小和位置。
步骤12：调整绘图区中的图片大小与布局，双击图片，对照图9-5-19进行命名。
步骤13：单击菜单"开始"→"工具"→"连接线"进行连接。

项目小结

通过"网络图"模板中的几个案例，分别介绍了绘制相应图形的方法。使用网络模板中的计算机设备和网络设备等模具，用户可以更好地完成网络图的绘制，读者可以根据实际情况利用不同的模板绘制想要的网络图。

项目习题

一、选择题

1. Visio 文档不可以与（　　）合作办公。
   A. Word　　　　　B. Excel　　　　　C. PPT　　　　　D. Access

2. 在 Visio 中，用户可以将绘图文档作为电子邮件的附件发送给其他人共享，以下方式中，不能发送电子邮件的是（　　）。
   A. 附件　　　　　B. Outlook　　　　C. PDF　　　　　D. XPS

3. 关于连接线，以下不正确的说法是（　　）
   A. 使用"组织结构图"打开的绘图页，形状间有自动连线功能
   B. 使用"组织结构图向导"打开的绘图页，形状间没有自动连线功能
   C. 使用"基本流程图"打开的绘图页，形状间有自动连线功能
   D. 使用"空白绘图"打开的绘图页，形状间有自动连线功能

4. 插入批注后，下列说法中，错误的是（　　）。
   A. 可以对批注内容进行编辑
   B. 可以将批注删除
   C. 不能逐个查看批注

D. 修改批注内容后，批注者和批注日期会自动更改

5. 通过（　　）可将 Visio 中的图片设置为不可见。

A. 图层属性　　　B. 置于底层　　　C. 组合图片　　　D. 锁定图层

二、填空题

1. 网络图模板下的_____子模板是使用全面的网络和计算机设备形状，创建详细的物理架构图、逻辑架构图和网络架构图。

2. 在网络图模板下，"机架图"模板中的"网络房间元素"有门、_____、椅子、_____ 4 个模块。

3. 在 Visio 中，当单击页面上的某个形状时，其四周出现蓝色小方块，上方出现一个小圆点，小方块是"控制手柄"，小圆点是_____。

4. 如果想在 Visio 中插入公式，可以单击"插入"菜单"文本"组中的_____按钮完成。

5. 为 Visio 文档添加"边框和标题"可以美化图形效果，在"设计"菜单"背景"组中添加完边框和标题，需要在_____标签下更改标题的文字内容。

三、操作题

绘制如图 1 所示的"网络计费系统拓扑图"。

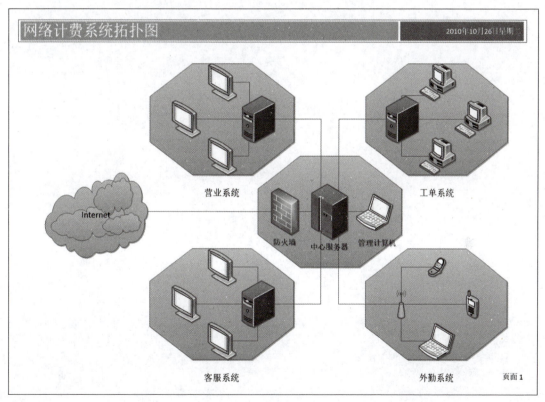

图 1

参 考 文 献

［1］杨继萍，吴军岩，孙岩. Visio 2010 图形设计从新手到高手［M］. 北京：清华大学出版社，2011.
［2］潘毅，赵建斌，乔雨. Visio 2010 图形绘制案例教程［M］. 上海：上海交通大学出版社，2016.

附录　Visio 常用快捷键

- Ctrl + 1，可以打开"形状格式"对话框，方便对图形进行格式化设置。
- Ctrl + 2，可以打开"文本格式"对话框，方便对文本进行格式化设置。
- F2，可以编辑选中的文本内容。
- Ctrl + Z，可以撤销上一次操作。
- Ctrl + Y，可以重做被撤销的操作。
- Ctrl + C，可以复制选中的图形。
- Ctrl + V，可以粘贴所选复制的图形。

如果要绘制直线或者对齐图形，也有相应的快捷键可供使用：

- Ctrl + Shift + 1，可以绘制水平线条。
- Ctrl + Shift + 2，可以绘制垂直线条。
- Ctrl + Shift + A，可以选择所有图形。
- Ctrl + Shift + D，可以在选定的两个图形之间绘制连接线。